Study on
Market Mechanism
and
Policy System
for
Energy Conservation
Management
in China

中国节能管理的市场机制
与政策体系研究

黄晓勇 / 著

社会科学文献出版社
SOCIAL SCIENCES ACADEMIC PRESS (CHINA)

前　言

　　能源是人类发展生产力和提高生活水平的物质基础，也是制约社会经济发展的重要因素。能源问题是当前牵动国际政治、经济的一个战略性问题。当今世界上许多重大事件往往与争夺能源资源，特别是石油资源及运输通道有关。20 世纪 70 年代先后两次爆发的石油禁运、能源危机让人们记忆犹新。石油价格的暴涨对西方发达国家的经济造成巨大的冲击，从而引发了一场规模庞大的经济危机。危机过后，各国都开始寻求能源问题的解决对策，能源安全受到了前所未有的重视。大量使用"非再生常规能源"造成的生态失衡使得经济发展与能源之间的关系复杂化，因此节能政策成为普遍采纳的有效措施，并很快发展为能源安全政策的重要战略。当今的经济体系要求加速改造目前的能源体系结构，节能技术的应用及推广也成为历史发展的必然。

　　《中华人民共和国国民经济和社会发展第十一个五年规划纲要》指出，到 2010 年单位国内生产总值的能源消耗要比"十五"期末降低 20% 左右，主要污染物排放总量减少 10%，耕地保有量保持 1.2 公顷，这三个约束性指标要分解落实到各省、自治区、直辖市，并纳入各地经济社会发展综合评价和绩效考核体系中。"十二五"期间，将继续设定单位 GDP 能耗降低、主要污染物排放总量减少的节能减排约束性指标。节能目标第一次成为经济约束性指标，意味着国家把节约能源作为转变经济增长方式、调整经济结构的突破口，意味着增长方式、能源战略和政府职能要实现根本性转变，反映了国家实施科学发展观、促进能源可持续发展的意志和决心。这是党中央、国务院对建设资源节约型和环境友好型社会做出的重大战略部署。实现节能约束性指标，既是一项资源环境保护与管理任务，也是一项社会经济发展任务。

能源管理尤其是节能管理已经成为国家能源战略的重要组成部分。节能管理不同于一般领域的经济管理，它是一项跨学科的综合性研究工作，包括建立有利于节能的市场机制、建立相应的政府管理机构和执行机构、建立公共财政体制下政府支持节能的运行框架。把节能、提高能源效率所需的资金纳入国家的财政预算，制定颁布激励节能的税收政策，定量评估节能的政策绩效并进行制度设计，对于把节能切切实实地纳入国家能源发展的战略框架中具有重要的学术意义。

目　录

Contents

第一章　能源安全战略与节能管理

　　能源是人类生存和发展的重要物质基础，也是当今国际政治、经济、军事、外交等领域竞争和关注的焦点。从历史和国防的视角来看，能源安全问题经历了一个演变过程，能源安全的内涵和外延也相应经历了一系列的发展变迁。在能源安全观的演变过程中，各国的节能意识和节能管理从无到有，重要性越来越突出，以至于国际上称节能为煤炭、石油、可再生能源、核能之后的第五能源，节能行动也被称为"负瓦特"革命，即减少瓦特、减少能源动力需求的革命。当今社会经济发展与能源、环境保护之间的矛盾日益突出，能源短缺、环境污染、生态失衡等问题已经暴露出传统经济发展模式的弊端，人类开始寻求新的高质量、可持续的发展模式和战略，谋求能源、经济与环境的协调发展。因此，节约能源、开发清洁新能源日益上升为保障国家能源安全的重要战略选择。

第一节　能源安全观的发展演变

一　能源安全的起源与演变

能源是人类文明的先决条件，是全部人类活动的一项基本需要。同时，能源又是国民经济增长的重要因素，是经济增长的基本驱动力。因此，能源安全问题不仅是关系各国经济增长、社会稳定，更是影响世界发展稳定的重大战略问题。

能源安全的概念最早可以追溯到第一次世界大战前夕。1913 年，英国海军开始使用石油代替煤炭作为舰艇的动力来源，如何保证舰艇的石油供应成为英国海军取胜的关键。能源安全第一次被提上了议程。为确保战争期间的石油供应，在英国政府的支持下，时任英国海军上将的温斯特·丘吉尔成立了皇家石油供应委员会来保证英国的能源安全。丘吉尔将能源安全原则定义为：石油的安全与确定性存在于品种多样性。丘吉尔认为多样化原则的实施应该把握住"绝不能仅仅依赖一种石油、一种工艺、一个国家和一个油田"[①]。同时，战争期间威胁他国的能源

[①]　熊光楷：《妥善应对新的挑战　共建全球能源安全》，《学习时报》2006 年第 337 期。

安全也是"一战"时各国有效的进攻手段。例如，英国为首的协约国就对同盟国实施包括石油在内的贸易禁运，而德国海军也不断袭击驶往协约国的油轮。在"二战"期间，能源安全更是跃升为影响战争局势、决定国家命运的重要因素。"二战"中交战双方都将战略布局到石油供应上，维持、扩大自己的石油供应来源，限制、切断、摧毁或占领对方石油供应来源，石油供应对"二战"局势的发展发挥了巨大的作用。"其间许多重大战役，如日本攻占印度尼西亚、德军进攻斯大林格勒以及盟军对罗马尼亚普洛耶什蒂的大规模空袭等都与石油有关。"① 不过，"两次世界大战期间的能源安全更多地体现为军事安全，而以保障经济发展为目标、以能源稳定供应为核心的能源安全问题则是在第一次石油危机之后出现的"②。

随着"二战"后西方经济的繁荣和苏联军事工业的急剧扩张，世界工业经济对能源的依赖，特别是对中东石油的依赖大幅度增加，能源供应安全的重要性日益凸显。1973年，阿拉伯产油国为打击以色列，对亲以的西方国家实施石油禁运，导致了西方国家第一次石油危机的爆发。由于这次石油危机对西方国家造成了沉重的打击，促

① 江红：《为石油而战：美国石油霸权的历史透视》，东方出版社，2002，第50页。

② 赵宏图：《全球能源安全对话与合作——能源相互依赖时代的战略选择》，《现代国际关系》2006年第5期。

使西方国家开始对能源安全问题给予前所未有的重视。1974 年 11 月，西方 16 个工业化国家在美国倡议下采取了保障能源安全的联合行动，签署了协调能源政策的国际能源计划，成立了国际能源机构（IEA）。而 20 世纪 70 年代末爆发的第二次石油危机使能源安全问题再次受到高度关注。两次石油危机使能源成为一种关乎国家军事、政治、社会安全的地缘政治商品，直接影响着国家安全、经济可持续发展和社会稳定。在石油危机之后，国际能源署正式提出了以"稳定石油供应和石油价格"为中心的能源安全观点，西方国家据此制定了以能源供应安全为核心的能源政策，由此形成了传统的能源安全观。

20 世纪 70 年代至 80 年代初，受能源危机的冲击，"能源安全"这一概念主要意味着"减少或降低消费国的石油进口水平，并对石油进口和可能的油价冲击进行风险管理，防范能源危机"[1]。同时，也有些专家将能源安全认定为在合理的价格和充足的能源供应，并在可预见的将来避免重大能源供应终端风险的"状态"。1985 年，国际能源机构（IEA）将能源安全定义为"以适度的成本获得能源的充足供应，特别是石油的充足供应"[2]。

---

① 吴磊：《能源安全与中美关系》，中国社会科学出版社，2009，第 24 页。

② Robert Skinner and Robert Arnott, "The Oil Supply and Demand Context for Security of Oil Supply to the EU from the GCC Countries", *Oxford Institute for Energy Studies*, April 2, 2005, p. 24.

保罗·斯塔尔斯归纳了传统的能源安全观点。他认为，"传统的能源安全观念关注于能源供应协议突然中断、瓦解和受人操纵引起的价格剧烈波动产生的安全威胁，政治不稳定、经济胁迫、军事冲突等是传统安全中最需要关注的，这些安全因素既能够威胁能源的供应，也能够对能源运输路线造成威胁。因此，对能源安全的判断在很大程度上是评估一个国家对某一特定类型能源的依赖程度，是在境内获得还是主要依赖进口。"[①]

传统的能源安全理论假定国际政治处于无政府状态，国家作为能源安全行为的主体，各国能源安全的实现主要通过国家的自主行为，国家能源安全区分为能源进口国的安全和能源出口国的安全。美国剑桥能源委员会主席丹尼尔·耶金将能源安全定义为"在不危害国家价值目标的前提下，以合理的价格保证充足、可靠的能源供给的能力"[②]。他认为，"能源进口国和出口国都希望获得'供应安全'，但其含义却不相同。前者的'供应安全'是以合理价格得到能源供应的可靠渠道；后者的'供应安全'是通往市场和消费者的充足渠道，确认未

---

① Paul B. Stares, "Rethinking Energy Security in East Asia", The Japan Center for International Exchange, 2000, p. 2.

② Daniel Yergin, "Energy Security in the 1990s", *Foreign Affairs*, Vol. 67 (1), 1998, p. 111.

来投资的正当合理性（并保护国家收入）。"① 耶金举例说："对俄罗斯来说，能源安全意味着政府重新获得能源产业的控制权，并将权利延伸到下游领域，掌控能提供政府收入的重要出口管道。对欧洲各国而言，目前最担心的并不是原油，而是天然气，特别是对俄罗斯天然气的依赖程度。日本关心的是，在资源贫乏的国土上如何推动全球第二大经济体继续发展。对中国和印度来说，能源并没有阻挡经济发展的脚步，这一点令人欣慰，为了促进经济发展并防止社会动荡，能源供应安全是必不可少的保障。美国的能源安全有两个中心：一是防范再次出现任何类似中东供应中断的风险；二是实现被反复提及的'能源独立'目标。"②

此外，国外一些经济学者还从风险性与外部性角度研究了能源安全。从风险性定义能源安全的角度通常认为能源安全是个期望问题，包括对风险的发生概率和破坏力大小的认知，由此对世界能源价格及其预警指标机制、能源供需关系及其影响因素进行分析预测与风险防范研究。而从外部性定义能源安全的角度来看，能源安全问题是由国内厂商与消费者使用进口能源而引起整个国家极度依赖进口能源的问题，因此能源安全问题就是由消费进口能源引

---

① 〔美〕丹尼尔·耶金：《能源安全的真正含义》，《华尔街日报》（中文版）2006 年 7 月 12 日。

② 〔美〕丹尼尔·耶金：《能源安全的真正含义》，《华尔街日报》（中文版）2006 年 7 月 12 日。

起的外部性问题。外部性的存在充分表明，依靠市场机制不能完全解决能源安全问题，而必须依靠政府政策来实施干预，这种定义角度为政府在能源安全领域制定相应的干预政策和措施提供了有力的理论依据。

国内学者一般将能源安全定义为"保障对一国经济社会发展和国防至关重要的能源（主要是石油）的可靠而合理的供应。能源供应暂时中断、严重不足或价格暴涨对于一个国家经济的损害取决于一国生产与经济的能源依赖度，尤其是能源进口依存度"①。全国科学技术名词审定委员会审定公布的名词能源安全则定义为："能源安全（Energy Security）是非传统安全中的一种。是指为保障一国经济社会和国防安全，使能源特别是石油可靠而合理供应，规避对本国生存与发展构成重大威胁的军事、政治、外交和其他非传统安全事件所引起的能源供需风险状态。"② 吕致文认为，"能源安全是国家安全体系的重要组成部分，主要指一国拥有主权或实际可控制、实际可获得的能源资源，从数量上和质量上能够保障该国经济在一定时间内的需要和参与国际竞争的需要以及可持续发展的需要。稳定的能源供应和合理的能源价格是能源安全的核心问题。"③

---

① 王庆一：《能源词典》，中国石化出版社，2005，第 2 版，第 10 页。
② http：//www.cnctst.gov.cn/pages/homepage/result2.jsp? id.
③ 吕致文：《我国能源安全的结构性分析》，《宏观经济管理》2005 年第 9 期。

　　"中国国土资源安全状况分析报告"课题组认为，"从长远和全球的观点来看，能源安全问题就是石油安全问题。所谓石油安全，就是保障在数量上和价格上能满足经济社会持续发展所需要的石油供应。所谓石油不安全，主要体现在石油供应暂时突然中断或短缺、价格暴涨对一国经济的损害，其损害程度主要取决于一国经济对石油的依赖程度、油价波动的幅度以及应变能力。"①

　　传统的能源安全观也在不断地发展和充实。正如国际能源机构（IEA）主任罗伯特·普瑞多所说，"能源安全是一个至关重要的概念且拥有不断演变的定义。"② 随着人口、资源、环境与工业化加快、经济快速增长的矛盾日益严峻，新能源安全观开始兴起。世界各国的能源安全观开始经历由"关注石油供应安全"向"全面关注能源安全"的转变。新能源观以经济社会可持续发展为出发点，强调环境安全是能源安全战略中的重要组成部分，认为孤立的能源区域性安全是暂时的，维护能源安全需要全球共同努力并超越高碳能源极限，节约能源资源，积极研究和开发清洁可再生新能源。特别是伴随着石油能源的日渐枯竭、能源消费对地球生态环境破坏等状况的日益严重，节

---

① "中国国土资源安全状况分析报告"课题组：《我国能源问题的核心——石油安全》，《中国国土资源报》2005 年 11 月 21 日。

② 杨玉峰、张刚、廖玫：《国际能源政策经验一席谈——国际能源署前署长罗伯特·普瑞多答中国学者问》，《国际石油经济》2004 年第 3 期。

能观念和节能战略在新能源安全观中逐渐凸显。

Hanns W. Maull 曾提出，"全面的能源安全是能源经济安全（供给安全）与能源生态环境安全（使用安全）的统一。能源供给安全即能源供应的稳定性，指的是满足国家生存与发展正常需要的能源供应保障的连续与稳定程度；而能源使用安全即生态环境的安全性，指的是能源的消费及使用不应对人类自身的生存与发展环境构成任何威胁。其中，能源供给安全是国家能源安全的基本目标，是'量'的概念，是相对于一定的时间并受一定的技术经济水平限制的；而能源使用安全则是国家能源安全的更高目标，是'质'的概念，它实质上涉及可持续发展问题。能源安全应是'量'与'质'的统一。"①

全球过多能源消耗带来的环境安全问题、生态安全问题，以及各国的工业化、城市化，使得石油等不可再生能源的供需矛盾日益严重。世界各国逐渐把能源对环境的影响列入世界安全范围，能源安全战略也因此成为一国可持续发展的战略。能源安全的概念也从传统的"供应安全保障"拓展到"能源使用的生态安全"领域，能源安全与环境安全一同成为各国政府发展规划中必不可少的"议题"。能源耗费是大气、环境破坏的主要原因，能源

---

① Hanns W. Maull, " Raw Materials, Energy and Western Security ", The Macmilan Press Ltd. , 1984, pp. 10 – 25.

耗费引起的生态安全已经成为各国"综合安全"的重要组成部分，能源安全战略已经超越单纯的供应安全问题，并进一步演变成一个国际政治经济问题。2008年国际金融危机以来，尤其是2009年低碳经济概念在全球的兴起，能源安全显著地与全球气候安全问题、低碳节能减排等政策目标紧密联系在一起。当前全社会的能源安全已经具有相当丰富的内涵。能源安全不是单纯的能源问题，也不是单纯的经济问题，能源安全开始重点突出能源与人类环境、各国环境保护的协调发展。能源安全已经是涉及对外战略、国家安全、战略经济利益、生态利益、国防军事以及国际资源分配格局等多层次的战略问题。能源安全战略已经成为涉及多方面的综合性、系统性的国家战略。

威廉·马丁指出能源安全有三个层面的意义："一是狭义的概念，指在对不稳定的中东石油进口依赖不断增长的情况下，对中东石油供应可能中断或短缺带来的风险进行管理；二是广义的概念，指以合理的价格获得充足的能源供应，以满足不断增长的能源需求；三是与能源安全相关的政策议题，如环境挑战与可持续发展，这一层面往往被学者和决策者所忽视。"[①] 虽然目前世界上各个国家仍

---

① William Martin, "Maintaining Energy Security in a Global Context", A Report to the Trilateral Commission, 1996, p. 4.

普遍将高碳能源的供应、运输、价格和使用等问题的合理安排及保障作为本国能源安全的评判标准，将高碳能源的安全保障列为国家能源安全战略，但在低碳的新能源技术与设备成功研发并得以在全世界普及推广后，这一局面将最终被改变。

二 中国能源安全观的发展演变

新中国成立以来，我国的能源安全观总体上经历了五个阶段的发展演变[①]。

第一阶段（1949～1959年），进口依赖、自给自足准备阶段。1939年，中国在甘肃玉门建立了第一个石油工业基地，但在此之后直至1949年新中国成立时，中国原油年产量只有12万吨。20世纪50年代，中国主要油品的自给率仅为40%，大约50%的石油从苏联进口。中苏关系破裂后，中国开始形成"自给自足"的能源安全思路并加紧准备国内的石油资源勘探。

第二阶段（1959～1992年），自给自足换取外汇的石油安全观阶段。在这一阶段，随着我国大庆油田和胜利油田的发现，中国石油工业揭开了新的一页，石油产量迅速

---

① 本部分五阶段划分的提法主要参考了武汉大学国际法研究所杨泽伟教授主持的国家社会科学基金项目"我国能源安全的现状及法律保障研究"（项目批准号：05CFX015）的阶段性研究成果，并在此基础上做了进一步划分说明。参见杨泽伟《中国能源安全问题：挑战与应对》，《世界经济与政治》2008年第8期。

攀升。1963 年，中国实现了石油产品基本自给。从 1973 年开始，中国逐步向日本、泰国、菲律宾、罗马尼亚、中国香港等国家和地区出口原油。1985 年，中国原油出口量达到历史最高水平，实际出口量为 3115 万吨。此后，由于国内经济发展对石油需求的增加，石油产量的增速趋缓，原油出口开始下降。1992 年邓小平南方谈话全力倡导市场经济之后，中国经济开始迅速崛起，石油需求量开始加速增长。到 1993 年，中国从石油净出口国变成了石油净进口国，这是一个转换点，从此中国的石油进口依存度逐步上升。

第三阶段（1992 ~ 2003 年），供应导向的能源安全观阶段。1993 年，中国政府提出能源安全的目标是"保障长期、稳定的石油供应"。这一阶段中国的能源政策基本都是围绕这一目标制定的，中国能源企业开始实施"走出去"战略。1993 年 3 月，中国石油天然气总公司在泰国邦亚区块获得石油开发作业权，自此拉开了中国石油公司进军海外市场的帷幕。通过实施"走出去"，中国能源企业逐步熟悉了国际投资环境，逐渐掌握了海外能源项目竞标技巧，积累了宝贵的国际能源开发供应经验。

第四阶段（2003 ~ 2006 年），开源节流的能源安全观阶段。2003 年 10 月，中国共产党第十六届中央委员会第三次全体会议明确提出了"坚持以人为本，树立全面、协调、可持续的发展观，促进经济社会和人的全面发展"，强调"统筹人与自然和谐发展"。2004 年 6 月，国务院常务会议讨论并原则通过的《中国能源中长期发展规划纲要 （2004～2020）》确立了中国的能源发展战略和政策目标，提出了以"节能优先、效率为本；煤为基础、多元发展；立足国内、开拓海外；统筹城乡、合理布局；依靠科技、创新体制；保护环境、保障安全"的方针。2005 年 10 月，中国共产党第十六届中央委员会第五次全体会议审议通过的《中共中央关于制定国民经济和社会发展第十一个五年规划的建议》提出："要坚定不移地以科学发展观统领经济社会发展全局，坚持以人为本，转变发展观念、创新发展模式、提高发展质量，把经济社会发展切实转入全面协调可持续发展的轨道。"2006 年 3 月，第十届全国人民代表大会第四次会议通过的《中华人民共和国国民经济和社会发展第十一个五年规划纲要》明确了"坚持节约优先、立足国内、煤为基础、多元发展，优化生产和消费结构，构筑稳定、经济、清洁、安全的能源供应体系"的目标。该纲要第六篇以"建设资源节约型、环境友好型社会"为题，突出强调了"落实节约资源和保护环境基本国策，建设低投入、高产出，低消耗、少排放，能循环、可持续的国民经济体系和资源节约型、环境友好型社会"。

第五阶段 （2006 年至今），互利合作、多元发展、协同保障的新能源安全观阶段。"2006 年 7 月，胡锦涛主席在八国集团（G8）同中国、印度、巴西等 6 个发展中国家领导人对话会议上提出了以'互利合作、多元发展、协同保障'为核心的新能源安全观。新能源战略的基本内容是：坚持节约优先、立足国内、多元发展、保护环境，加强国际互利合作，努力构筑稳定、经济、清洁的能源供应体系。"① 新能源安全观的重点是加强能源开发利用中的互利合作，形成能源开发利用的技术研发合作体系和安全稳定的全球政治环境。

在新的全球形势下，我国提出的能源安全观强调了全球能源安全的重要性与合作性。由于能源安全关系各个国家的经济命脉和社会民生，因此，能源安全对维护全世界的稳定以及促进各国共同发展都具有至关重要的作用。同时，新能源安全观也强调各国都有充分利用自身能源促进本国繁荣发展的权利。新能源安全观还着重强调了绝大多数国家都依赖于国际间的相互合作来获得本国能源安全的保障。新能源安全观提倡加强各国政策的协调合作，完善国际能源市场监测管理和应急机制，促进能源输出国油气资源开发以增加能源供给，实现能源供给的全球化和多元化。同时，为了确保各国能源基本需求得到满足，应该在能源需求和供给基本均衡的基础上确保稳定的可持续的国

---

① 《胡锦涛在八国集团同发展中国家领导人对话会议上的书面讲话》，《人民日报》2006 年 7 月 18 日，第 1 版。

际能源供给和合理的国际能源价格，共同维护能源生产国特别是中东等产油国家和地区的稳定，确保国际能源通道安全，避免地缘政治纷争干扰全球能源供应，实现能源供给的稳定化。新能源安全观积极倡导加强节能技术研发和推广，支持和促进各个国家节约能源、提高能效、减少能耗；提倡在清洁煤技术等高效利用化石能源方面开展合作，推动国际社会加强可再生能源和氢能等清洁能源技术方面的合作研发，探讨建立清洁、安全、经济、可靠的世界未来能源供应体系。

第二节　能源消费与经济发展

一　能源消费变化趋势

改革开放以前，我国的能源消费一直处于较低的水平，能源供求也呈自给自足的状态。"1953 年，我国的一次能源产量为 5192 万吨标准煤，能源消费总量为 5411 万吨标准煤，供求基本均衡。1978 年，我国的一次能源产量为6.277 亿吨标准煤，能源消费总量为 5.7831 亿吨标准煤，当年能源出现了 4937 万吨标准煤的富足产量。"[①] 与国内生产总值增长的大起大落相似，能源的生产与消费增长率

---

① 数据来自香港环亚经济数据有限公司（CEIC）。

在 1978 年以前经历了三次大的波动，不过它的波动幅度稍小于国内生产总值增速的波动（见图 1-1 和图 1-2）。

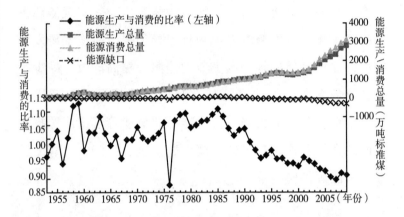

图 1-1　我国能源生产与消费变化情况

资料来源：香港环亚经济数据有限公司（CEIC）。

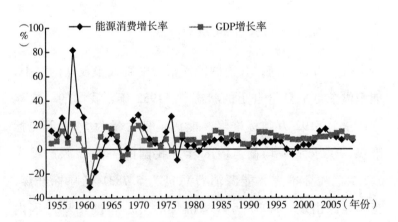

图 1-2　我国能源消费增长率和 GDP 增长率

资料来源：香港环亚经济数据有限公司（CEIC）。

自 1978 年实行改革开放政策以来，我国的经济开始了持续高速的增长，与此同时，能源消费也在大幅攀升，能源供求矛盾的压力开始逐步显现。在改革开放后的近 14 年内，我国能源生产一直略大于消费，每年有一定的富余产量，但从 1992 年起，我国能源消费总量就超过了能源生产总量，并且这种能源缺口总量越来越大。2009 年我国能源消费量约为 31 亿吨标准煤，能源产量为 28 亿吨标准煤，能源缺口为 3 亿吨标准煤。

我国能源缺口在石油领域表现得最为严重。自 1993 年我国成为石油净进口国以来，我国的石油缺口不断增大，石油生产的增长速度远小于消费需求的增长速度，石油的自给率逐年下降。1993 年我国石油生产量为 1.4524 亿吨，消费了 1.4927 亿吨，自给率为 97.30%。而至 2007 年，我国石油的生产量仅增长为 1.8632 亿吨，而消费需求急速增至 3.6649 亿吨，自给率降至 50.84%，接近日本的水平（见图 1-3）。

从能源消费结构来看，我国比较特殊，煤炭的消费占很大的比重，远远高于其他国家，石油的消费比重大约占 1/5，天然气、水电与核能的比重较小。新中国成立初期，我国能源消费几乎全部为煤炭，1953 年煤炭消费占能源消费总量的比例为 94.3%。随后煤炭消费的比重有所下降，至 2008 年下降为 68.67%，但它仍然是我国最主要的能源。从长期来看，石油的比

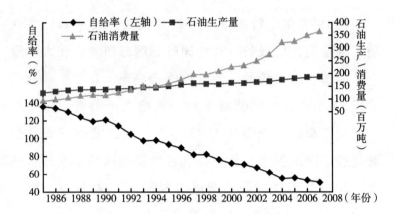

图 1 - 3　我国石油生产与消费情况

资料来源：香港环亚经济数据有限公司（CEIC）。

重是逐渐上升的。1953 年石油消费占能源消费总量的
3.8%，2002 年这一比例达到最高的 23.41%，近年来
由于我国石油的自给率下降，这一比例又开始有所下
降，2008 年石油消费占能源消费的比例为 18.68%。
近年来我国天然气、水电与核能的比重增加迅速。
2000~2007 年天然气消费占能源消费总量的比例为
7% 左右，2008 年这一比例大幅提升至 8.89%。水电
与核能消费占能源消费的比例也由 2006 年的 3.0% 提
升到了 2007 年的 3.5%，2008 年进一步提升到了
3.77%（见图 1 - 4 和图 1 - 5）。

　　改革开放以来，我国的能源强度不断下降。1978 年
能源强度为 1568 吨标准煤/百万元，1988 年下降为 618
吨标准煤/百万元，降幅达 60.59%；1998 年能源强度进

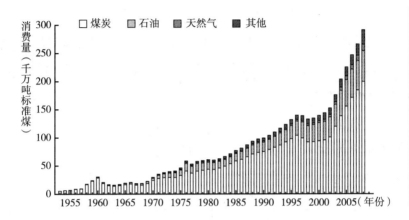

图1-4 我国能源消费和构成要素变化情况

资料来源：香港环亚经济数据有限公司（CEIC）。

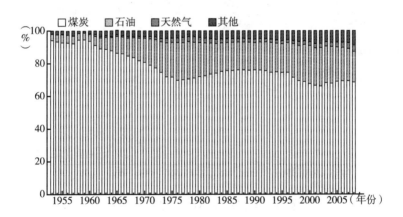

图1-5 我国主要能源消费比例变化

资料来源：香港环亚经济数据有限公司（CEIC）。

一步下降为157吨标准煤/百万元，比1988年下降了74.60%；2008年能源强度为92吨标准煤/百万元，比

1998 年下降了 41.40%①。尽管我国能源强度在逐年下降，但比起世界平均水平和发达国家还是高出很多。2002 年中国（大陆）的能源强度为 0.86 吨标准油/千美元（2000 年价格），是世界平均值的 2.77 倍、韩国的 2.39 倍、日本的 7.82 倍、德国的 4.78 倍、美国的 3.74 倍；2006 年中国（大陆）的能源强度有所上升，为 0.90 吨标准油/千美元，是世界平均值的 2.90 倍，分别为韩国、日本、德国和美国的 2.81 倍、9.00 倍、5.29 倍和 4.29 倍（见图 1-6、图 1-7）。

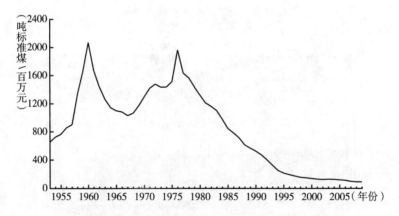

图 1-6　我国能源强度变化情况

资料来源：香港环亚经济数据有限公司（CEIC），1991 年之前的数据以名义 GDP 与能源消费总量相除计算得出。

---

① 数据来自香港环亚经济数据有限公司（CEIC），1991 年之前的数据以名义 GDP 与能源消费总量相除计算得出。

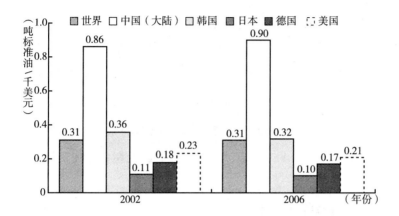

图 1 - 7　中国（大陆）能源强度与世界其他国家对比情况

资料来源：香港环亚经济数据有限公司（CEIC）。

二　经济发展与能源消费的实证分析

当我们使用时间序列对经济问题进行实证分析时，需要考虑时间序列的平衡性问题，以防止模型出现"伪回归"问题[①]。本书首先对能源消费总量（EC）与国内生产总值（GDP）进行平稳性检验，如果均为一阶单整，则再次进行协整检验；如果它们之间依然存在协整关系，则建立相应的误差修正模型（ECM）。

（一）数据来源与处理

本书选取我国 1953~2009 年的能源消费总量与 GDP

[①]　如果两个时间序列是平稳的，则可直接对它们进行建模分析；如果两个时间序列均是一阶单整的，则要考虑它们是否存在协整关系；对存在协整关系的时间序列进行 OLS 估计可得到它们之间的一致估计量。

数据为样本进行实证分析。能源消费总量的计量单位为万吨标准煤，GDP 用 1978 年为基期的指数来表示，它由 1953～2009 年的 GDP 实际增长率换算得出。为消除可能存在的异方差、变量量纲的差异及得出变量间的弹性关系，我们对样本数据取自然对数。数据均来自香港环亚经济数据有限公司（CEIC）。数据的检验和模型的估计在 Eviews 6.0 的环境下进行。

（二）单位根检验

ADF（Augmented Dickey-Fuller）检验是实证研究中较普遍的一种平稳性检验方法，检验后（见表 1 - 1）显示 ADF 统计量接受了能源消费总量和 GDP 变量含有单位根的原假设，对其进行一阶差分后，ADF 统计量则在 1% 的显著性水平下拒绝的变量含有单位根的原假设。这表明它们是非平稳的时间序列，且均为一阶单整。

表 1 - 1　变量平稳性检验

变量	d(0)			d(1)			单整性
	t	p	参数	t	p	参数	
Log(GDP)	- 1.6626	0.7539	(c,t,2)	- 5.5359	0.0000	(c,0,1)	I(1)
Log(EC)	- 1.7011	0.4251	(c,0,0)	- 4.9207	0.0002	(c,0,0)	I(1)

（三）协整检验

根据平稳性检验结果，再对它们进行协整检验。协整检验方法主要有 E - G 两步法和 Johansen 协整检验法两种。由于 E - G 两步法在小样本情况下可能存在偏差，本书使用 Johansen 协整检验法对能源消费总量和 GDP 进行协整检验，结果见表 1 - 2。

表 1 - 2　变量 Johansen 协整检验

协整个数原假设	特征值	迹统计量	临界值	P 值
无	0. 3777	26. 7210	15. 4947	0. 0007
至多 1 个	0. 0484	2. 5298	3. 8415	0. 1117
结论	在 5% 的显著性水平下存在着 1 个协整方程			

Johansen 协整检验表明，能源消费总量和 GDP 在 5% 的显著性水平下存在协整关系。另外，从 Johansen 协整检验中可得出它们的长期协整关系为：

$$\log(GDP_t) = -5.820 + 1.709\log(EC_t)$$

这表明能源消费总量每增加 1 个百分点，在长期内都会有 1. 709 个百分点的 GDP 增长率与其相对应。

（四）误差修正模型

由能源消费总量与 GDP 的长期协整关系可以得出相应的残差项。对能源消费总量和 GDP 的一阶差分项及残差项建立误差修正模型来考察它们之间的短期动态关系。本书运用 Hendry（1971）提出的从一般到特殊的建模方法，设最大滞后阶数为 5 阶，逐步去掉不显著的滞后项，从而得到最终的误差修正模型：

$$\text{dlog}(GDP_t) = -0.205 + 0.271\text{dlog}(GDP_{t-1}) + 0.427\text{dlog}(EC_t) - 0.170\text{dlog}(EC_{t-1})$$
$$(-1.354)\ (2.153) \qquad\qquad (7.338) \qquad\qquad (-2.178)$$
$$- 0.149\text{dlog}(EC_{t-2}) - 0.022ECM_{t-3}$$
$$(-2.747) \qquad\qquad (-1.698)$$

误差修正模型的估计结果显示,误差修正项系数为 -0.022,它在10%的显著性水平下显著。这说明任何偏离长期均衡关系的波动都会在 $t-3$ 期,即滞后三期向均衡方向调整。在短期内,GDP 的变化受当期能源消费总量的影响最大,且方向为正。当期能源消费总量的变化量增加,当期 GDP 的变化量也会增加。滞后一期和两期的能源消费总量的变化对 GDP 的影响为负,它们的增加会使 GDP 的增量减少。

(五) 格兰杰因果关系检验

虽然通过协整检验获得了能源消费总量和 GDP 之间的协整关系,但这种长期的均衡关系还无法说明能源消费总量引起了 GDP 的变化,还是 GDP 引起了能源消费总量的变化,因此需要使用格兰杰因果关系 (Granger Causality) 来检验、判断两者之间的因果关系。对两个经济变量 X 和 Y,格兰杰因果检验方法是看 Y 的当期值在多大程度上能由其滞后值解释,在加入了 X 的滞后值后,这种解释能力是否增加。如果 X 有助于解释(预测) Y(即 X 的滞后变量的系数是显著的),则称 X 能够格兰杰引起 Y。经过代入模型检验,其结果见表1-3。

表 1-3　能源消费总量和 GDP 的格兰杰因果关系检验

原假设	观测值数	F 统计值	P 值
Log(EC)不能 Granger 引起 Log(GDP)	51	3.198	0.016
Log(GDP)不能 Granger 引起 Log(EC)		3.612	0.009

　　能源消费总量和 GDP 的格兰杰因果关系检验结果表明：它在 5% 的显著性水平下拒绝了能源消费总量不能 Granger 引起 GDP 的原假设，这说明能源消费总量的改变能够促使 GDP 的水平发生变化；同时，它在 1% 的显著性水平下拒绝了 GDP 不能 Granger 引起能源消费总量的原假设，这说明 GDP 的改变也能促使能源消费总量发生变化。因此，从格兰杰因果关系检验可以看出，GDP 和能源消费总量之间具有双向的格兰杰因果关系。这就表明，一方面，我国经济增长长期以来是能源依赖型的，即经济的发展依赖于能源的开发利用；另一方面，能源的开发利用也是以经济的发展为基础的，经济的快速发展能够为能源开发利用提供强大的支持力。

第三节　能源的外交博弈

　　能源安全问题并不是纯理论性研究，而是具有明显的维护国家利益的对策性研究。这种特征使得学术界普遍运用博弈论方法探讨能源外交与国际政治经济问题。能源安全研究也因此成为经济学、国际关系与政治学、环境学、军事与国防等学科涉猎的重大交叉学科、跨学科研究的热点问题。

一 能源博弈分析

萨缪尔森在其《经济学》教科书中曾指出："现实经济生活中，完全竞争市场也是理想化的，可望而不可即。实际上，经济生活中多数市场是由几个大企业支配的，这样的企业往往只有两三家，这里是现实世界的经济学，是不完全竞争、寡头垄断与博弈竞争的世界。"[①] 萨缪尔森说的正是发达市场经济体，如美国经济生活中的现象与规律。萨缪尔森指出，完全竞争的理想市场里，没有任何一个企业会大到足以影响市场价格的程度。当个别卖者在一定程度上具有控制某一行业产品价格的能力时，该行业就处于不完全竞争状态。不完全竞争可以达到怎样不完全的程度呢？极端的情况就是垄断，即单一的卖者完全控制某一行业[②]。单一的卖者是它所在行业的唯一生产者，没有任何一个行业能够同时生产出相近的替代品。

寡头的意思是"几个卖者"。当在某一市场上仅有少数几个企业时，它们必然会认识到它们之间的相互依赖

---

① 〔美〕保罗·萨缪尔森、威廉·诺德豪斯：《经济学》，萧琛主译，人民邮电出版社，2008，第 145～147 页。

② 单一的卖者称为"垄断者"，"垄断者"一词来源于希腊语中的"单个"和"卖者"两个词。

性。策略互动是寡头市场的一个特征，属博弈理论研究领域。当每个企业的经营战略取决于其竞争对手的行为时，就会出现策略互动，又称对策互动、对策游戏。当寡头能够相互勾结，它们的共同利润就能达到最大，但现实中有很多因素阻碍它们形成持久而有效的勾结。首先，勾结是非法的，或者是会激起消费者不满甚至愤怒的。其次，企业或供应方之一可能对选定的顾客采取秘密降价或对其增加供给量的办法，从而增加自己的市场份额与影响力量。经验表明，很难找到持续成功的寡头勾结博弈均衡。

萨缪尔森在分析石油供应"寡头和垄断竞争"时指出，石油输出国组织（OPEC）就是长期勾结失败的例子。OPEC 作为国际组织，规定成员国（沙特阿拉伯、伊朗、阿尔及利亚等）的石油产量，其公开目标是为石油生产者确保公平和稳定的石油价格，向石油输出国提供有效的、经济的和有规律的石油供给，并保证石油行业的资本回报率。1973 年，OPEC 导致了石油产量的急剧下降和价格的飞涨，这是成功卡特尔的特征，即能够要求成员国限制生产以维持高价并坚决执行集体规定。尽管如此，每隔几年，一些 OPEC 成员国就总会无视既定配额而增加生产，导致价格战爆发。1986 年，沙特阿拉伯将每桶石油价格从 28 美元降低到 10 美元以下。这些相互不满甚至仇恨的成员国之间要长期维持国际石油卡特尔协议非常困难，而中东地区民族宗教冲突更是加剧了协调的困难。尤其是在那些产权不清、税收混乱、贿赂盛行、官僚当道、法律形同虚设、黑社会"地头蛇"盛行的国家和地区，各种复杂风险更是加剧了石油生产者的困难，其中包括寡头勾结的困难。

博弈分析是研究在不确定性风险环境中竞争参与者之间行为的对策分析。这里的风险包括石油供应企业或供应基地被所在地政府国有化没收的风险。阿维纳什·迪克西特在《策略思维》一书中指出，博弈思维或策略性思维是在不断弄清对手策略的过程中战胜对手或实现共赢的一门竞争艺术，里面充满了讨价还价和策略选择，核心是关注对手如何对自己的决策做出反应，并避免自身利润或利益最坏而实现的最优或次优结果，当参与竞争的几方或多方都处于相对较优状态时，被称为博弈均衡①。现实中，一个石油生产供应寡头必须考虑自己的价格、产量、顾客及供应对象、供应时机、供应通道等选择，以及其决定会导致其他竞争对手做出何种反应，有时一味强硬的单边立场会导致短期利润、利益最大化之后的长期利润损失，甚至破产或出局。

各竞争方如何对各自行为做出决策的研究就属于博弈分析，在石油与能源安全中和相应的石油外交过程中，这

---

① 〔美〕阿维纳什·K. 迪克西特、巴里·J. 奈尔伯夫：《策略思维》，王尔山译，中国人民大学出版社，2003，第3、70、326页。

是必须经常进行的决策过程，是多个参与者及参与国的多方博弈。其中，石油、能源供需多方和参与国的成本代价、利润或利益不仅仅取决于自身的战略选择，还取决于对手的战略选择。每个参与者都必须研究相关竞争者追求自身利益最大化的行动，并相应地选择自己的有效策略。博弈分析的一个基准就是要把自己的战略建立在假定其他对手或其他参与者会按照其最佳利益行事的基础上。

博弈分为合作博弈和非合作博弈，合作博弈一般存在于长期、多次反复、无终局的竞争者之间，非合作博弈一般出现在一次博弈或者有终局的博弈中。长期博弈中也会出现短期机会性的非合作博弈，从而暂时获取一个参与者的短期利益最大化，但是对所有参与者的总和利益最大化却造成了损害，在后来招致一次或多次警告、报复，从而影响自身的长期利润或利益。囚徒困境是典型的一次性非合作均衡，纳什均衡则是每一方无共谋时各自选择自身利益最大化策略所形成的一种相当平衡结果。这时不共谋、不合作的各方各自出牌且结果既定，每一方都不能再改善自身的处境。

存在外部性的情况下，污染性企业或者污染国如果不受政府或非政府力量、国际力量的环保管制，只按照本企业利润或者本国生产利益最大化的逻辑行动，就会选择污染策略而不会去安装昂贵的污染处理设备。如果部分企业、部分国家按照利他逻辑主动投资降低污染，而其他企业或其他国家不投资处理污染，并且消费者也不考虑环保因素而购买不环保产品或者没有能力购买更贵的环保产品，那么投资环保的企业或国家的产品就会因产品成本的上升而使价格上升，客户因此减少，如果其产品成本足够高，企业就会面临破产。

因此，在污染博弈中，非合作博弈行为将导致更严重的污染，短期获利的赢家最终也将受到长期博弈的报复和惩罚。在这种情况下，经济利益和国家利益在地球破产面前都失去了价值，这种情况不是没有存在的可能的，它是一种潜在的威胁。因此，客观的规律性威胁因素制约了污染博弈各方的行为，使得各方最终开始谈判与合作博弈，在军备竞争和能源竞争中，博弈逻辑是一样的。

由此，长期合作博弈中呈现了信誉建立的重要性，承诺并且能够遵守诺言，博弈一方就是可信任的。承诺并且遵守承诺与自身利益和全体参与方的长期利益相一致，而不是空许诺言损人损己，那么其他参与方就会出现信任与合作博弈的局面，上述的对手会按照自身利益最大化行动对策进行选择。由于达成合作协议，信息更通畅，利害制约更清晰，从而避免了对各方都具有威胁性的全局性风险，博弈各方在自利基础上共同行动，抑制过大的负外部性。20世纪后期，各国在能源争夺大战中相继制定出了一定程度的节能和减排协议，联合协议在各国可执行或者具有强制执行力和足够威胁力，就会出现合作博弈均衡性质的战略与策略。这里的竞争协议在历史过程中还有逐步提升的空间，从而可以不断提高整体的博弈均衡水平。在理论上，进一步将各种合作与非合作博弈混合使用、短期施压与妥协交替使用的复杂情况构成了混合博弈，这也更符合国际政治、经济、外贸、能源与全球气候安全谈判的现实状况。

二　中国的能源现实与外交博弈

世界经济增长特别是各国工业化的快速发展，使全球能源、环境、气候变化问题日益突出，成为各国面临的共同挑战，尤其是能源问题，日益成为主要能源生产国、消费国的战略重点。能源外交通常包括两方面的内容：其一，为保障国家在能源领域的经济利益而采取的外交行动；其二，能源因素经常被用来达到某种具体的政治目的。云南大学国际能源问题专家吴磊教授认为，"当一国的石油进口量超过1亿吨时，往往就需要动用外交、经济等手段来保证石油安全，能源外交已经成为中国外交战略中仅次于大国外交、周边外交的第三环节。"[1] 从本质上讲，中国能源外交体现了互利互惠、深化合作的原则，属于长期合作博弈为主的战略策略类型。

---

[1] 《中国能源外交稳健开局》，《国际金融报》2006年1月26日，第11版。

（一）中国－中亚能源合作与博弈

以国际天然气管道为例，2009 年 12 月 14 日，中国－中亚天然气管道通气仪式在土库曼斯坦举行，由此改变了中亚天然气资源输出形势，进而使整个中亚地区地缘政治格局发生了变化。目前，土库曼斯坦 90% 的出口天然气都供给俄罗斯。倘若俄罗斯完全拒绝或大幅削减进口土库曼斯坦的天然气，那么将给土库曼斯坦带来新的风险，由此，土库曼斯坦期望摆脱天然气出口完全依赖俄罗斯的局面。同时，土库曼斯坦对于俄罗斯巨大的影响力也心存芥蒂。2009 年春天，金融危机导致欧洲对天然气的需求下降，俄罗斯单方面要求减少天然气进口量，此时发生了土库曼斯坦输气管爆炸事件，致使供气中断。土库曼斯坦认为是流量的迅速减少导致了事故的发生，其对俄罗斯的不信任感愈发强烈，于是便选择与天然气需求不断扩大的中国合作。因此，2009 年 9 月，土库曼斯坦总统别尔德穆哈梅多夫与中国国家主席胡锦涛会面时强调："感谢中方理解并支援土方关于能源安全的立场和主张。"出于政治考量，土库曼斯坦总统别尔德穆哈梅多夫很难同中国讨价还价。

俄罗斯则早就正视了中国管道出现这一事实，正集中精力展开外交斡旋，防止土库曼斯坦以此为先例，进一步开辟绕过俄罗斯向欧洲供气的渠道。在拥有世界第四大天然气储量的土库曼斯坦建设的对华输气管道的完工，是土库曼斯坦出产的天然气首次经过俄罗斯以外的路线对外输出。因此，中俄两国有可能就土库曼斯坦的天然气展开竞争，俄罗斯与土库曼斯坦在能源领域的攻防战也将引人关注。这项能源合作与竞争是典型的混合多方博弈，其中以变化着的多方中的双方或更多方的合作与竞争相互制约、相互影响为主，在动态多因素中逐步实现各方的自身利益最大化或者损失最小化的均衡局面。

在这次能源合作与竞争中，中国在博弈中领先一步，因为欧盟还在计算绕过俄罗斯领土将中亚天然气输送到欧洲的纳布科项目的成本时，中国已经成功铺设了有望保障21世纪上半叶天然气需求的管道，这是中亚最大的天然气出口线路，并且可以绕过俄罗斯领土抵达俄罗斯以外的市场。由此可以看出，多年的外交努力使得中国在该地区的能源竞争中暂时占优。土库曼斯坦总统曾指出："这一天然气管道项目不仅具有商业和经济价值，在政治上也有重大意义。"中方向中亚国家提供大笔贷款，进行能源资产和修建石油管道的合作。胡锦涛的访问也让中亚领导人罕见地聚集在一起讨论地区合作事宜，虽然存在内部纷争和自然资源跨境使用等问题，但这些国家却表现出合作的一幕。

中亚是新增的战略能源供应区域，在一定程度上增加了中国的能源安全度。之前，中国石油进口主要来源于中东、非洲和拉美等政局动荡、战乱频仍、矛盾突出的地区。中国投入很大的人力和物力参加联合国在非洲的维持和平行动，除了履行一个大国对维护世界和平的职责之外，保障海外能源供应安全也是深层原因之一。同时，中国与部分产油国的经济发展水平和结构类似，与这些国家之间势必在一定程度上存在竞争，而且，有些产油地区民众生活贫困，容易产生排外甚至绑架、抢劫外国石油专家和工人的情况。而中国与俄罗斯的能源外交中，局面也颇为复杂，由于中国和日本都是主要的石油需求国，并都希望与俄罗斯建立长期便捷的能源通道，所以俄罗斯便利用两国的能源需求竞争，通过日本对中国外交施压。为此，中国采取了多元化的进口策略，中石油收购哈萨克斯坦石油公司，建设了中哈石油管道，并在中国的石油战略供给中增加了中亚。俄罗斯不愿看到中国能源需求的大转移，所以不顾日本的撤资威胁，加速"泰纳线"的建设进程。第一阶段泰纳线输送能力为每年 3000 万吨，而普京希望其中的 2000 万吨通过支线输送到中国大庆；第二阶段泰纳线的输送能力将达到每年 5000 万吨，最终这个数字将达到 8000 万吨。

（二）中国和日本的能源博弈

长期以来，中日两国"能源之争"不可避免。作为经济强国的日本，在能源资源上却是一贫如洗，石油、煤炭、天然气等主要能源产品几乎全部依赖进口。中国是一个能源资源较为丰富的国家，但在资源的构成方面，却存在"富煤、缺油、少气"的状况，而且在 2009 年底，中国也成了煤炭净进口国，消费需求增加态势将维持多年。

中日两国面对着同种资源紧缺的状况，在石油资源来源渠道上有着相同之处，来自中东地区的石油供给分别占到中日两国石油进口总量的50%和87%，而且输油管线必经马六甲海峡、中国南海到达两国。中东地区局势不稳，加上线路过长，导致持续运输的风险加大，成本上升，这些都不可避免地使中日两国在其他国际石油市场上也展开激烈的竞争。近年来，除了在中东地区的传统石油争夺领地外，中日两国在能源领域的博弈主要表现在两个方面。

第一，中日两国在寻找俄罗斯油气田上的竞争。在中国已经与俄罗斯基本达成修建从俄罗斯远东地区到中国东北大庆油田的石油管道协议的情况下，日本政府给俄罗斯政府提出优厚的条件，试图把管道的终点转到有利于日本进口的太平洋沿岸，与中国展开竞争，即"安大线"和"安纳线"之争。通过与中国竞争，日本得到的收益是，如果太平洋管道建成并向日本供应石油，那么日本对中东地区石油的依赖程度可以降低10%～15%，但与此同时，日本为获得俄罗斯远东石油管道付出了巨大的代价。从经济方面来看，该管线长为4130公里，比安纳线还长300多公里，其建设成本是日本政府最初提出的安纳线的3倍。日本政府承诺投入140亿美元来修建管道，并另提供80亿美元投资到萨哈林1号和2号的油气资源的开发项目中。从实际上看，日本并没有得到俄罗斯更多的承诺。

2005 年 11 月，俄罗斯总统普京访问日本时，日本并未得到俄罗斯优先考虑"太平洋线路"而非"中国线路"的承诺。

第二，中日两国在开发东海油气资源上的博弈。按照日本方面的推算，东海海底蕴藏着 1000 亿桶的石油和 2000 亿立方米的天然气资源。基于此，日本积极推进开采东海油气资源的战略，其中一个关键步骤就是试图分享中国在东海已经取得的勘探成果，同时竭力干扰中国在东海开发活动的顺利进行。为了缓和矛盾，虽然双方从 2004 年 10 月到 2007 年 3 月就东海问题先后进行了七轮磋商，但由于双方在专署经济区和大陆架管辖界线上存在的争议未能达成一致意见，同时，由于日本拒绝中国早在 20 多年前就提出的"搁置争议，共同开发"的建议，因此，两国磋商仍未取得实质性进展。

非洲石油的储量不足中东地区的 1/6，但石油含硫量低，很适合加工成汽车燃油。为了实施中国的石油战略，中石油公司高层奔赴苏丹，与其能矿部和财政国民经济部签订了正式协议，但是当时日本首相小泉纯一郎不仅宣称将无偿向非洲提供总额 10 亿美元的帮助，而且还保证放弃对非洲重债务贫困国家总额约 30 亿美元的债权，形成激烈争夺的局面。从东北亚来看，各国竞争依然激烈，不过，博弈合作的空间也是很大的。作为能源消费与进口大国的中、日、韩三国存在着尖锐的利益冲突和激烈竞争，但合作领域也十分广泛。三国在能源领域各具优势，并有互补性。油气合作可以逐渐扩展到电力、煤炭、核能、可再生能源等"大能源"领域，避免区域强国进行"零和博弈"，协调和缓解对抗式、排他式的恶性竞争，寻求一个"和则皆利，战则俱伤"的博弈局面。

有效合作博弈带来共同能源与环境福利增加的例子在2008年国际原油价格大动荡起伏中得到体现，这是一次合作多赢应对危机的经典案例。在2008年夏八国集团能源部长会议上，各国代表都认为能源价格高企对世界经济增长构成了威胁，各国应努力解决这一问题，以避免高油价对全球经济造成严重影响。负责贸易和能源的日本经济产业大臣甘利明在会上说，能源价格形势正变得极具挑战性，如果这一问题得不到解决，全球经济将可能因此出现衰退。他说，确保包括石油市场稳定的能源安全，对每个国家来说都已成为首要任务。在当天的会议上，美国、日本、韩国和印度等国的代表还敦促石油生产国增加产量以满足需求的增长。同时，代表们也承诺要开发替代清洁能源并提高利用能源的效率。经过多种因素相互作用与各方博弈，最终发达国家的投机基金炒作起来的超高油价下跌，由150多美元的历史高点回到了40多美元的常规均衡点。造成原油价格飙升的原因包括供求关系失衡、国际基金投机行为和发展中国家需求猛增，原油暴跌的原因则包括需求减少和投机资本离场，二者均与各能源消费大国合作博弈有密切联系。

在海外能源合作的技术方面，也存在复杂的能源安全博弈。中国希望加强双方在油气勘探开发、技术转让等领域的互惠合作，注重互换；美国则强调中方应与美国一道对伊朗、苏丹、委内瑞拉等能源富国采取与西方一致的遏制政策，或至少不加强与其的能源合作，突出的是与美国的配合、协作。在气候变化合作上，中国关注较多的是美国为中国进一步减排而在技术转让和资金支持等方面所做的努力和帮助，美国则更强调双方在气候变化问题上采取协调一致、联合和相似的减排行动，重点在"中国的共同参与"。此外，在能源和环境技术转让、资金援助等方面，双方对彼此的期待有着很大的距离。在技术转让方面，中国诸多分析主张将技术转让作为优先之一，美国和其他西方国家应考虑中国作为发展中国家的实际情况，以优惠的条件向中国转让新技术，而美国则极力推动技术转让的完全商业化，强调清洁能源技术多为私营企业所拥有，它们对以优惠条件转让技术毫无兴趣。美国企业界认为，缺少知识产权保护是与中国进行技术合作的一大障碍。美国部分舆论提出，中国应拆除"绿色保护"壁垒，向美国的清洁科技产品开放市场。在能源技术转让方面，供应方主要在发达国家尤其是美国，而技术需求方不可能是俄罗斯，由于其石油、天然气储量丰富，俄罗斯曾长期缺乏节能动力，对建设节能型经济也没有给予足够重视。

一般来说，俄罗斯企业的经济能效比欧洲国家大约低 2/
3，只有美国的 1/2。俄罗斯前总统梅德韦杰夫曾多次在
公开场合批评俄罗斯在节能、提高能效方面进展缓慢，他
甚至说，在金融危机中，未制订出节能计划的企业将不能
获得国家财政支持。因此，在节能技术方面，中国除自主
研发外，进口技术主要是与发达国家间进行博弈。2008
年 6 月，国家能源局局长张国宝在日本呼吁，清洁高效能
源技术的转让与推广在应对能源安全和气候变化挑战中起
着非常关键的作用，国际社会应着力消除转让此类技术的
障碍。世界上存在许多先进的清洁高效的能源技术，如果
发展中国家在工业化和大规模基础设施建设中采用这些技
术，将对保障安全和缓解气候变化做出很大的贡献。他指
出，根据《联合国气候变化框架公约》，发达国家有责
任、有义务向发展中国家提供资金和转让技术。但是，这
个问题一直没有取得实质性进展，国际社会应进一步消除
技术转让障碍，制定技术转让激励机制，设立基金，以购
买关键技术用于转让。

(三) 中国和印度的能源博弈

印度目前每年的石油产量只有 3300 万吨，不能满足
国内需求的 1/3，70% 的能源需要进口，预计未来 25 年
印度经济发展所需石油中的 90% 都将依赖进口。

表 1 - 4 为 2002 ~ 2030 年中国和印度进口石油依存度
情况。

表1-4　2002～2030年中国和印度进口石油依存度情况

国家	代码	2002 年	2010 年	2020 年	2030 年
中国	D	247	375	503	636
	I	84	206	342	471
	P	34	55	68	74
印度	D	119	160	215	267
	I	82	128	187	243
	P	69	80	87	91

注：D代表需求量（单位：百万吨）；I代表进口量（单位：百万吨）；P代表进口依存度（单位：%）。

资料来源：International Energy Agency（IEA），"World Energy Outlook 2004"，pp.118，483，499，http：//www.iea.org//textbase/nppdf/free/2004.pdf，2006-9-4。

从表1-4可以看出，中国到2020年的石油需求量是5.03亿吨，进口量为3.42亿吨，而2030年石油需求量将达到6.36亿吨，进口量为4.71亿吨；印度2020年的石油需求量为2.15亿吨，进口量为1.87亿吨，到2030年将产生2.67亿吨的需求量，进口量为2.43亿吨。中印两国在石油资源上的进口依存度均呈快速上升趋势，印度的依存度又高于中国。随着经济的不断发展，两国对石油的需求量将会继续扩大，限于两国资源禀赋和开采能力，未来必将更加依赖国际石油市场。鉴于同是发展中大国，中印两国在国际能源市场上的竞争不可避免，尤其是对石油资源的争夺将更加激烈。

近年来，中印两国的能源之争有不断升级之势。中国石油天然气集团在和印度企业博弈中，以41.8亿美元的价格成功收购了中亚石油生产商哈萨克斯坦石油公司。这次竞争的胜出在于价格优势，尽管印度在与中国的能源竞争中处于下风，但是印度能源企业在海外拓展方面更趋于务实，海外运作与管理经验更加丰富。竞争的同时，中印两国也在竞购第三国油气资产方面进行合作。中国石油天然气集团公司和印度石油天然气公司联手竞购价值5.78亿美元的叙利亚油气资产，获得加拿大石油公司在幼发拉底石油公司38%的股权，尽管此项交易不会使中印两家公司的油气储量大幅上升，但标志着中印两国从近年来海外能源争夺的单一对手关系向深层次合作伙伴关系转化。亚洲主要石油进口国对中东石油依存度高达70%，加上亚洲地区能源对话合作松散，中东石油输出国长期执行"亚洲溢价"，因此中印两国、中国和亚洲国家能源合作的领域和空间广泛，可以联合竞争，如倡导克服或缓解"亚洲溢价"、节能技术和工艺开发、寻求联手竞购具有共同利益的海外油气开发项目等。

除了与中国合作，印度政府也展开了积极的能源外交：与世界各产油国加强合作，共同开发能源资源，确保稳定的能源供应；加大对产油地区与国家的投入，努力拓展新的油气供应源；与美国、日本、德国等石油进口大国建立能源问题磋商机制和协调机制；向北获取俄罗斯油田开采权，向西建立伊朗到印度的能源安全通道，向东占有缅甸天然气的大部分出口市场。这些充分体现了能源博弈中参与各国都会从自身利益最大化出发，考虑竞争对手的策略并选择自身的行动策略，因此形成了复杂多样的格局。

面对如此复杂的能源博弈局面，在制定能源安全战略方面，中国和世界各国都在逐渐进步。2006 年 7 月，国家主席胡锦涛出席八国峰会并首次提出："为保障全球能源安全，我们应该树立和落实互利合作、多元发展、协同保障的新能源安全观。""全球能源安全关系到各国的经济命脉和民生大计，对维护世界和平稳定、促进各国共同发展至关重要。每个国家都有充分利用能源资源促进自身发展的权利，绝大多数国家都不可能离开国际合作而获得能源安全保障。"在能源安全领域，加强能源消费国之间以及消费国与生产国之间的对话和政策协调，共同维护本地区能源市场的稳定。提高能效和节约能源，加强对清洁能源、替代能源和新能源技术的研发和推广，构建清洁、安全、经济、可靠的地区未来能源供应体系。通过双边和多边国际合作，以共同维护能源运输安全。温家宝同志也曾强调，中国高度重视能源安全与能源合作。中国政府制定了"节约优先、立足国内、多元发展、保护环境和加强国际互利合作"的能源政策，中国的能源需求主要是靠自己来解决，特别要靠大力节能。

2008 年金融危机以来，世界头号能源进口和消费大国——美国也在调整自己的能源博弈战略，奥巴马的能源新政突出了新能源与节能。2010 年 2 月 24 日，美国能源部长朱棣文在阿联酋首都阿布扎比发表讲话称，"我们认为，必须减少我们的能源使用，以便为发展中国家的经济增长留出空间。"① 他还指出，"没有物理定律显示繁荣与碳排放成正比。"这是奥巴马新能源时代的一种策略表示，表明美国旨在能源安全与气候环境安全之间实现自身利益最大化的博弈均衡。欧洲也提出了"欧洲 2020 战略"。在应对全球气候变化中，欧盟国家能否在从传统经济增长方式转向低碳经济增长方式中居于领先和主导地位，取决于欧盟及其成员国在节能减排、发展清洁能源机制、发展高新技术产业，以及在教育和培训方面的投入，这也正是"欧洲 2020 战略"投资的核心。

在合作、分歧、斗争的能源外交博弈中，我们看到，石油、天然气等能源的进口代价是很高的，能源的技术进口代价也不小。中国国家领导人为国家能源安全及保障供应做出了持续努力。目前中国已经成为世界石油消费第二大国，随着经济发展所需的能源数量的日益增多，继续加

---

① 参见中国化工信息网，http://www.cheminfo.gov.cn/static/temp_hgyw/20100301261285.htm，2010-03-01。

大能源外交力度就成为中国战略的必然选择之一。今后，中国要继续与产油国合作，协调好各方关系，在稳定中东能源进口市场的同时，积极开拓对北非、中亚、东北亚和中南美等地区的能源外交。另外，我们也要看到，进口能源的实际成本要比单纯的石油、天然气、煤炭进口价格支付成本高得多，说明世界能源市场是能源寡头高度垄断的不完全竞争的市场，能源产品是外部性很大的自然资源储备产品。世界上已经发现的能源资源分布极不平衡。煤炭资源主要分布在美国、俄罗斯、中国、印度、澳大利亚等国；石油资源在各大洲均有分布，但主要集中在中东地区及其他少数国家，石油等能源运输风险很高，代价远远超过企业所能承受的投资，市场失灵严重，单个政府难以解决。石油运输必须依靠全球能源产需大国政府的联合投入，才能保障世界范围的能源需求与供应安全，而且这些代价高昂的联合国际博弈也带来了极大的负外部性，因此各国开始转而寻求能源与环境综合应对策略，通过外交努力竭力达成和执行能源与气候国际协议，以图通过气候变化的约束条件，鼓励节约能源和开发非化石能源。从1979 年第一次世界气候大会呼吁保护气候系统开始，到1992 年联合国环境与发展大会通过《联合国气候变化框架公约》，再到《京都议定书》出台，国际社会通过增加各国为应对气候变化的责任，实现限制化石能源消费，鼓励能源节约和清洁能源使用目标。许多国家一方面在全球气候变化所应承担的责任方面进行了大量外交博弈，另一方面也在着力调整本国的能源战略。

第四节　节能的内涵与战略意义

一　节能的内涵

节能概念在最初提出的阶段指的是节约使用能源，尽量降低能源消耗量，抑制能源消费的快速上升。20世纪80年代末期，节能的含义开始转变为在能源消费量不变的情况下发展经济，希望在耗能产品中保存住能源，减少能源的散失。而随着节能技术的不断发展和节能意识的逐步提高，节能的含义又开始转变为提高能源的利用效率，用同样或更少的能源消耗量，满足人们更高产值的需求。按照世界能源委员会的定义，节能是指"采用技术上可行，经济上合理，以及环境和社会可以接受的一切措施，来提高能源的利用效率"[①]。当前节能的主要内涵是指减缓不可再生的资源和能源的耗费，促进能源资源消费在代际的公平配置。

在通常意义上讲，节能分为"狭义节能"和"广义节能"。狭义节能是指尽可能地减少能源消耗量，在生产

---

① 此概念定义是世界能源委员会（World Energy Council）于1979年提出的。

或生活中直接节约一次能源（石油、煤炭、天然气等）、二次能源（电能、石油制品、焦炭、煤气等）。广义节能是指包括如产业结构和产品结构的节能化调节、能源结构调整等一切能够直接或间接减少能源消耗的节能。具体而言，节能可以分为两大范畴。

第一，直接节能。直接节能是指通过技术进步和进行节能技术改造，采用先进的能源新技术、工艺和设备，使得单位产品能耗降低。同时，在能源系统流程的各个环节提高能源的管理水平，实施科学管理，提高能源的有效利用率。

第二，间接节能。间接节能是指通过节约人力、物力、财力、运力、自然力以及提高经济效益等间接途径实现节能。如提高产品质量、节省原材料、产业结构和高耗能产品进出口结构的调整等使产值能耗降低而实现的间接节能。

节能经济学意义更为丰富。经济学上的节能主要有两种：一种是能源生产成本的节约；另一种是能源交易成本的节约。生产成本的节约属于边际上的节约，而交易成本的节约属于结构上的节约。通过追求能源交易成本最小化决定选择最有效的能源组织制度安排。

二　节能政策的战略意义

目前，世界各国能源战略最突出的变化就是以减少石油消费、减少进口能源依存度为主要目标。在当前可再生能源尚未实现全面替代的形势下，节能是实现这个目标最现实、收效最快的措施。当前世界各国都更加强调综合利用法律、经济和技术等手段鼓励节能，从开采、加工、运输、利用和消费等多环节挖掘节能潜力，发展节能产业。利用市场机制、公共政策等调节能源供求关系，提高资源配置效率。解决能源安全问题成为各国能源战略的最重要问题，其根本途径有两条：一是开源，二是节流。对于以上能源发展路径，世界各国政府管理当局、商界、学界都进行了广泛研究，并集中于能源战略安排、能源分布及地缘政治格局、能源结构调整与优化、能源产业结构调整与战略管理、能源与环境保护、可再生能源利用以及节能的市场机制与政策体系。

世界各国都在不断努力进行节约能源机制研究，并利用模拟数据进行政策效果预测。欧盟已经实施的一个涉及165亿欧元的2002～2006年"五年综合计划"中，财政拨款22亿欧元用于提高能源效率，其中标准、规范的制定以及宣传推广预算为1亿欧元。很多分析人员已经调查研究了各种节能政策的效果，这些政策主要用来加快能源效率的提高和加速高能效设备的市场占有率。瑞士的研究表明：一项积极、大胆的 CO_2 减排政策——包括稳步提高能源税，使得2030年的无税零售电价提高到原来的200%——可实现民用部门"营业"情况下2010年用电量减少8%，2030年预计减少31%；服务部门"营业"情况下2010年用电量减少6%，2030年预计减少29%。

法国的研究表明：服务部门"营业"情况下 2010 年用电需求可减少 12%（采暖除外）。美国的研究估算：民用部门"营业"情况下，通过政府的各种政策措施，2010 年节电为 7%（效率措施，也称 BAU）和 17%（高效/低碳措施），服务部门则是 6%（效率措施）和 15%（高效/低碳措施）。英国的研究小组评估了在强有力的 CO_2 减排政策引导下家用照明和电器节电潜力到 2010 年可达 33%。对于办公设备而言，由于数量的快速增长以及其使用寿命相对较短，如果待机模式和关机模式下的节电措施已被制造商采用并被用户接受，那么 10 年内可节能 50%（BAU 情况下）。

节能管理对于我国来说更有不同寻常的战略意义。

首先，节能管理是我国缓解资源环境约束的战略选择。我国是一个人口众多、资源相对不足的国家。国际公认的工业化过程中不可缺少的 45 种矿产资源，我国人均占有量不到世界平均水平的 1/2。同时，石油、天然气的人均剩余探明可采储量只有世界平均水平的 1/15，即使是储量相对丰富的煤炭资源，也只占世界平均水平的 63%。2008 年我国能源消费总量已达 28.5 亿吨标准煤，2003～2007 年，我国能源消费总量基本上平均每年增加 2 亿多吨标准煤。"我国一次能源的国内生产在 2020 年将达到上限，国内一次能源供应量为 24 亿～28 亿吨标准煤，其中煤炭 22 亿～24 亿吨，原油 2.0 亿～2.2 亿吨，天然气 1500 亿~2000 亿立方米，水电达到经济可开发量 3.0 亿~3.2 亿千瓦时，核电 4000 万~6000 万千瓦时，风电 2000 万~3000 万千瓦时；而 2020 年能源需求可能超过 36 亿吨标准煤，其中煤炭 31.8 亿吨，石油 6.5 亿吨，天然气 1700 亿立方米，一次电力 1.58 万亿千瓦时。石油将进口约 4.5 亿吨，而煤炭的国内生产可能不能满足需求。"[①] 与此同时，错综复杂的国际能源市场环境，给利用能源带来很多障碍。在环境容量相对不足、环境风险不断加大、环境问题日趋复杂的情况下，大量消耗能源和大量排放污染物将对我国造成更大的环境压力。能源和环境是我国经济社会发展的"软肋"、硬约束。在这样的国情下推进现代化建设，走能源节约管理的发展道路是必然的战略选择。

其次，节能管理是转变经济发展方式的内在要求。早在 20 世纪 90 年代就有学者运用能源弹性系数计算指出，有效的节能管理对经济增长的贡献较大。节能可分为单耗下降形成的节能和结构变化形成的节能两部分，因此需要从经济结构，包括部门结构、行业结构和产品结构等各个层次结构的变化来考察节能的贡献。目前，我国正处于工业化、城镇化加快发展的阶段，这一阶段最明显的特征就是经济尚处于上升期，能源消耗和污染排放强度大，而加快转变经济发展方式要求以尽可能少的能源投入实现经济

---

① 相关数据来源于国家发改委能源研究所的测算。

增长。2007 年，我国国内生产总值占全球经济总量的
6%，但能源消耗却占世界能源消耗总量的 16.7%；火电
供电煤耗、吨钢可比能耗、水泥综合能耗、乙烯综合能耗
分别比国际先进水平高 14.1%、9.5%、24.4%、56.4%。
生产、建设、流通、消费各个领域浪费资源的现象相当严
重。而能源的高消耗造成严重的环境污染和生态破坏，主
要污染物排放总量大大超过环境容量，生态系统功能退
化，突发环境事件呈高发态势，给经济社会发展和人民群
众健康带来严重危害。因此，节能管理、建设资源节约型
社会是转变经济发展方式的内在要求。

再次，节能管理是我国保持经济增长、调整经济产业
结构的重要内容。当前国际国内的经济形势都十分严峻、
复杂，我国保持经济平稳较快发展的任务较重。同时，我
国经济自主创新能力不强、产业结构不合理、内需外需不
均衡，以及发展方式粗放、发展的资源环境代价过大、体
制上的矛盾等，使得我国经济运行困难急剧增加。合理的
经济产业结构是我国经济能够可持续增长的保证。而资源
环境是我国经济社会发展的薄弱环节，也是经济产业结构
调整的重要突破口，节能管理将可以培育新的经济增长
点，促进我国经济产业结构的优化升级。据国家发改委的
初步核算与规划，"仅十大节能重点工程的投资需求就超
过 4000 亿元，循环经济的重点项目投资需求超过 5000 亿
元，城镇污染、垃圾处理设施建设投资需求达 4500 亿元

以上。"[1] 加大这部分节能管理方面的投资将有效拉动内需，对我国经济结构调整和解决日益突出的资源环境问题具有重要意义。

最后，节能管理是应对全球气候变化的有效途径。虽然目前我国人均 CO_2 排放量与世界人均水平相当，但是总量已与美国相差不多，且增长势头迅猛。发达国家凭借其技术和环保标准上的优势，借气候变化问题设置非关税贸易壁垒，对我国生产出口产品施加较高的"低碳"要求。在全球应对气候变化的大背景下，欧盟发达国家提出了"低碳经济"的概念。低碳经济旨在通过不断提高能源利用效率和可再生能源比重，减少温室气体排放，逐步使经济发展摆脱对化石能源的依赖，最终实现可持续发展。而提高能源利用效率作为节约能源的一种体现，是我国应对气候变化的有效途径。

通过回顾世界与中国能源安全观的演变历程，实证研究我国的经济发展与能源消费结构的关系，以及对我国能源外交的博弈分析，我们可以发现，在诸多保障能源安全的战略选择与实施路径中，节能管理是能源安全系统中最基本的路径选择，尤其对中国这样的能源消费大国，节能管理更是当前工业化、城镇化快速发展阶段的重要战略选

---

[1]　相关数据来自国家发改委的"全国发展改革系统资源节约和环境保护工作会议"材料。

择。依据节能管理需求，可以有效减缓能源需求过快增长和浪费型消费增长，使我国能源需求总量控制在资源环境约束范围内，从而实现能源供需平衡，保障经济可持续发展的战略选择。在当前的背景下，我们必须珍惜能源供应与安全来之不易的局面，并且要看到节约能源及开发新能源的潮流趋势。要强化节能的战略重要性，有效减少能源总需求，在保障基本、合理、适度的经济增长、社会用能与国防安全战时储备用能的基础上，通过市场机制与政策体系构建，使节约能源真正成为"第五大能源"，确保中国的能源安全与经济可持续发展。节能管理是经济发展方式转型的必然路径，是中国能源安全战略的重要选择。

第二章 节能的市场机制建设

第一节 市场机制的特征与功能

一 市场机制的特征分析

以工业化为核心的现代生产力的成长过程是在市场机制的驱动下进行的。市场机制是经济社会化乃至经济全球化发展不可缺少的重要内容，是经济成长过程中最重要的驱动因素。

《社会主义市场经济新概念词典》对市场机制的定义为：“市场机制是在市场经济中，价格、供求、竞争等要素自身具备的对各个经济主体运行进行引导、调节的机理和功能。”《市场经济学大辞典》认为：“市场机制是市场对各种要素的变化所做出的必然反应，是市场自身运行的必然规律，体现着市场内外各种要素相互作用、相互制约的关系。”[①]

[①] 赵林如：《市场经济学大辞典》，经济科学出版社，1999，第15页。

"所谓市场机制，是指市场运行并发挥一定作用的一种经济体制。市场运行是由市场主体的行为，商品、货币、信息的流通，供求竞争和价格变化等状况所构成、体现，并且又影响和导向着这类变化。"① 市场机制本质上是市场经济中的价格、供求、竞争等各种构成要素之间相互制约、相互联系的作用和机理。市场在其运行过程中，微观上通过价格信号和竞争，制约着消费者的消费，调动和制约着生产者的投资和生产等经营决策；宏观上调节着社会生产，协调着总供给和总需求，构筑着社会经济流程，配置着社会资源和生产力布局，从而实现国民经济均衡、稳定地运行和发展。市场机制是市场经济优化配置资源的基础性手段，是市场经济运行的调节方式。市场机制是通过市场竞争配置资源的方式，即资源在市场上通过自由竞争与自由交换来实现资源配置的机制，也是价值规律的实现形式。具体来说，市场机制的作用机理是在一个自由市场里使价格得以变化一直达到市场出清为止的趋势。

市场机制具有如下的特点。

（1）自动性。市场机制对经济运行具有自动调节的性质，这一特质来源于在市场经济中各个市场主体利益的

独立性和生产经营的自主性。由于价格总是最先摆在市场经济活动主体的面前，因此微观主体的市场经济行为一般会首先考虑价格因素。市场机制的自主性主要体现在由市场供求形成价格，价格作为商品价值的实现形式处于运动状态，由价格自发调节经济主体的生产经营决策及利益的实现。

（2）相关性。市场机制是市场经济中价格、供求、竞争等构成要素相互关联和相互作用的机理。价格的确定依照价值规律通过市场竞争得以决定，继而影响供求要素；与此同时，供求要素的变化又会引起价格的相应变动，这就是市场机制的运动过程。市场机制的任何一个要素的作用均会引起其他要素的变化，如果其中某个要素发生紊乱，将会影响整个市场调节机制的作用。

（3）制约性。市场机制通过对每个经济主体经济利益的或增或减来发挥作用。例如，价格机制通过价格的涨落影响着每一个生产者和消费者的利益，从而协调生产和消费的关系。竞争机制使得生产者和投资者都感受到获取利益的动力和失去利益的压力，从而推动其自身的发展。

二　市场机制的功能分析

实现社会资源最优配置是市场机制的根本目的。"在市场经济运行中，市场机制并不是单独发挥调节作用的，市场机制的要素相互联系和作用，构成了统一的市场机制体系，共同发挥市场机制在经济运行中的调节作用。"① 图 2 - 1 为市场机制的响应模型。

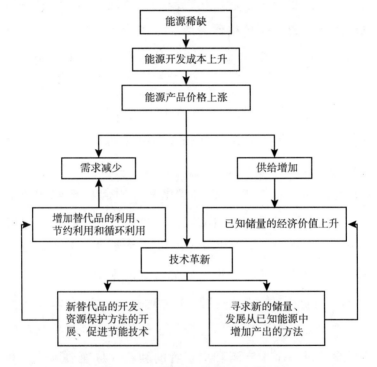

图 2 - 1　市场机制的响应模型

（一）高效传递信息

传递信息是市场的一个基本功能。信息传递指的是由于商品价值和供求量的变化引起商品价格的涨落，为生产者、消费者提供的商品稀缺状况的信息。市场机制具有提

---

① 　徐从才：《现代市场经济学》，中国科学技术出版社，1994，第 157 页。

高信息使用效率、降低信息成本的作用。在市场机制中，价格充当了信号的作用。雷诺兹就曾经提到："价格的一个重要功能就是充当信号机。"[①] 在市场经济中，微观经济主体需要随时做出正确的经营决策以适应瞬息万变的市场状况。价格作为信息传媒使得经济主体及时、准确地得到了各种经济信息。在市场传播信息中，信息是分散的，这样便使得生产者和消费者可以直接获取各自所需的信息，从而保证信息能够得到充分利用，减少信息在搜集、加工、整理和使用等环节的成本费用。同时，由于在有效的市场机制下，价格的形成是市场交换的参与者的共同结果体现，因此此时价格能够客观、准确地反映市场的真实状况。

（二）合理配置社会资源

市场机制通过市场价格的波动，合理引导资源的流向和流量。当某种商品供大于求时，价格会下跌，生产者为了自身的利润就会减少产出，相关商品的资源流入就会减少，反之亦然。这样，资源就在市场机制作用下始终处于边际效用较高的产品利用中，同时，市场机制能够通过价格杠杆自动协调平衡商品的供求关系，使商品的供求趋于内在平衡，有效地避免社会资源的浪费。

在追逐利益的动机和成本竞争的压力下，企业的经济效率高就会有资源流入，而经济效率低时资源就会流出企

---

① 〔美〕雷诺兹：《微观经济学》，商务印书馆，1990，第51页。

业，市场机制总是使资源不断地在效率最高的水平上被利用。市场机制通过竞争机制优化企业效率结构和企业组织结构，从而实现资源的优化配置。艾哈德就把市场竞争看作"提高生产率和资源优化配置的最理想手段"，他认为"凡是没有竞争的地方就没有进步，没有经济效率的提高，久而久之就会陷入呆滞状态"①。同时，在价格和利润的引导下，资源的充分流动可以使社会整个产业结构趋于均衡化、合理化。市场机制通过价格机制（利润的高低）优化产业结构，从而实现了整个经济体的资源优化配置。

（三）促进企业技术进步

在较为完全的市场条件下，各个微观经济主体都具有相互独立的经济利益要求，它们都是根据各自利益最大化的原则来规范自己的经济活动或经济行为的。同时，市场机制将参与市场经济的各个市场经济主体的利益相联系，通过市场经济"优胜劣汰"的竞争原则，使得参与的微观个体的利益增加或者减少，从而促进整个社会生产技术的进步和经济效率的提高。由于市场竞争的外在影响，市场经济主体会不断加大在科学技术、研究开发、引进吸收先进技术设备等方面的投入，以便在竞争中能够扩大市场份额，获取更多的利润；同时，资源稀缺导致的资源价格

---

① 〔德〕艾哈德：《来自竞争的繁荣》，商务印书馆，1983，第153~154页。

波动会迫使企业改进生产技术和经营管理，调整生产结构，发展深加工，充分利用资源以提高劳动生产率和生产效率，降低成本消耗。

市场的经济功能究竟在多大程度上发挥作用，一方面取决于市场发育和完善的程度；另一方面又取决于诸功能之间相互形成的"合力"。市场机制的各个要素合作产生的综合效应和总体力量推动着市场经济和社会共同发展。

第二节　节能的市场机制与工具

关于节能的市场机制建设，我们必须从多个角度进行探讨。能源市场机制能够对能源经济的各个参与主体形成对应的激励机制和约束机制，促使人们节约能源，充分合理地开发利用能源，努力提高能源的使用效率。发达的能源市场体制通过市场竞争实现能源的优化配置。本节的节能市场机制中除了研究一般市场机制，即在任何市场都存在并发生作用的市场机制，诸如价格机制、管理机制、竞争机制，还将研究在能源市场中存在的影响价格、供求、竞争的特殊机制——排放权交易机制。

一　价格机制

价格机制是市场实现资源优化配置的重要基础。价格是生产要素价值的货币表现形式，是市场机制的核心。在市场竞争过程中，各种生产要素的价格变动与市场上该要素的供求变动之间存在着有机联系，市场中各种生产要素都可以通过价格来反映供求关系，并通过这种价格信息来调节供给的生产和流通，引导资源和生产要素向效率更高的方向流动，从而实现资源优化配置，促进社会生产技术的进步和生产效率的提高。

只有通过价格尺度，市场经济中的各个主体才能准确地衡量其经济的成本和收益。各种生产要素通过价格机制在市场中自由流动，按照不断变化的市场需求来重新进行组合，保证资源的合理配置。在能源市场中，假定所确定的能源价格低于市场价格，这部分租金就会为消费者获得，但降低价格会使得需求数量增加，就会减少供应数量造成"短缺"。图 2 - 2 中价格从平衡水平 P_E 降到规定水平 P_R 时，就使消费者获得租金 $P_R abP_E$，但也增加需求量 q_2q_1。

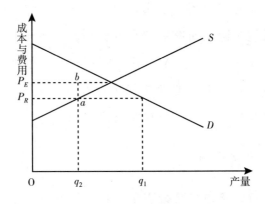

图 2 - 2　资源价格供求分析

　　因此，节能管理市场机制中的价格要能有效地调节经济个体行为，相关的能源价格信号一定要真实而非扭曲，否则会造成能源供求关系失调从而误导耗能市场的规模和结构，甚至影响我国经济结构中耗能、节能的比例关系。因此，节能市场的价格机制要能够正确引导能源市场运行和发展的重要因素就是能源价格既要反映能源的价值又要反映能源的供求关系。

　　根据资源最优耗竭理论，能源的最优化利用需要满足两个基本条件：一是能源价格等于能源边际成本加上能源租金（影子价格）；二是影子价格与利率增长率相同。所以，能源产品的生产效率最大化的条件是：能源产品价格等于生产成本、环境成本、时间成本之和。而能源产品的价值构成主要包括人工价值、天然价值和稀缺价值三个部分。能源的人工价值主要来自工人的劳动和加工成本；能源的天然价值主要决定于能源的丰富度和质量；而能源的稀缺价值则由能源的供求状况决定。

　　根据霍特林规则（在开采成本不变时，能源租金增长率等于利息率），建立能源最优模型求出能源最优价格。假定能源所有者对于能源保存在地下和开采出来两种选择没有偏好，那么当不考虑环境价值和开采成本时，能源的资本价值增长率等于贴现率。

　　建立能源产品需求函数：

$$P\ (t)\ =D\ [R\ (t),\ t]$$

其中，$P(t)$ 为能源产品价格，t 为当期内能源需求基于技术进步和社会经济发展的变化，R 为时间的贴现率。

建立社会福利函数：

$$W(t) = \int_0^{R(t)} \{D[y(t),t]dt + A[s(t)]\}$$

其中，$D[y(t),t]dt$ 为需求形成的社会福利，而 $A[s(t)]$ 指能源的存量所形成的环境价值。

由此，我们可以得出社会最优开发利用能源模型：

$$\int_0^\infty [W(t) - OL(t)] - e^{rt}dt$$

其中，O 代表了资本和劳动的机会成本，即其相应的价格。

该模型的约束条件为：

$$s(t) = s(O) - \int_0^t R(t)dt, s(t) \geqslant 0$$

根据汉密尔顿函数，得到能源最佳利用的基本条件为函数式：

$$F = \int_0^{R(t)} D[\mu(t),t]d\mu + A[s(t)] - OL(t) - q(t)R(t)$$

其中，$q(t)$ 为能源的稀缺租金。

由上述模型我们可以求出能源最优化利用条件下的能源价格。

节能的价格手段是对价值规律的调控措施，是一种比较灵敏和有效的经济刺激机制。价格机制是通过价值规律发挥作用的，其对经济社会发展有着重要的影响，也是节能事业管理和调控中最灵活、最有效的机制之一。能源定价不科学、能源产品价格偏低是能耗过高的根本原因。因此，理顺资源性产品价格，加快市场化进程，能反映资源稀缺程度和环境成本的真实价格，从而有利于实施循环经济的价格政策，加快推进能源价格的市场化和环境价格改革。

同时，有条件地实施差别能源价格，有助于建立节能的价格体系，从而达到节能目标。管理好水资源价格有利于节水；启用差别电价和超耗能加价政策，限制了高耗能、高污染企业的发展；确定合理的污染排放收费标准，使环境污染外部成本内部化，使产品增加成本、减少利润，从而引导企业自觉节能。实施节能价格收费政策，制定价格收费政策，改革排污费和污水处理费收取办法，推行城市生活垃圾处理收费制度，都可以促进节能降耗、污染治理和环境保护。在现实中，针对小火电机组煤耗高、污染重的状况，采取"以大代小"电量置换措施，已经取得成效。完善脱硫加价政策，减少污染物排放；采取可再生能源电价补贴政策，促进可再生能源利用；完善峰谷分时电价办法，促进电力资源合理利用；而对属于国家淘汰类高耗能企业和限制发展的高污染企业，则应停止执行分时电价。

二 合同能源管理机制

"市场价格的水平和变动是由市场的供求关系决定的。市场供求关系的状况和变动决定和影响市场价格的状况和变动，反之，市场价格的变动又影响市场供求关系的变化，这种关系和运动的过程就是市场中的供求机制。"[①]随着我国节能市场的转变，节能的主要阻力来自节能投资的市场障碍。节能市场的供给严重不足，克服这一障碍的途径就是实行节能投资市场化、多元化。而"合同能源管理"就是其中的一种模式。

合同能源管理是节能服务领域的一种特殊商业模式。起源于 20 世纪 70 年代西方发达国家，一种基于市场的节能服务公司逐步发展起来，国外简称为 ESCO（Energy Service Company），国内简称为 EMC（Energy Management Company）。这类公司以合同能源管理为其客户提供节能服务：根据客户的实际情况，分析客户的节能潜力，提出节能改造方案，然后与客户签订合同，为客户提供节能项目设计，项目融资，设备采购、安装、维护、运行和管理等一系列服务，最终向客户保证节能效果。在合同期间，ESCO 与客户分享节能效益，在 ESCO 收回投资并获得合

---

① 萧成：《市场机制作用与理论的演变》，上海社会科学院出版社，1996，第 16 页。

理的利润后，合同结束，全部节能效益和节能设备归客户所有。合同能源管理的实质是一种以减少的能源费用来支付节能项目全部成本的节能投资方式。这种节能投资方式允许用户使用未来的节能收益为工厂和设备升级，以及降低目前的运行成本。节能服务合同在实施节能项目的企业（用户）与专门的节能服务公司之间签订，它有助于推动节能项目的开展。合同能源管理的实施基础主要有：①节能项目本身拥有较好的经济效应；②能源使用单位具有降低能耗成本的积极性；③能源服务公司具有较强的专业技术能力和较好的财务能力；④良好的重合同、守信用的商业道德环境；⑤完整的商业法律保证。

合同能源管理具有的特点主要有：①ESCO 将合同能源管理用于技术和财务可行的节能项目中，使节能项目对客户和 ESCO 都有经济上的吸引力，这种"双赢"机制形成了客户和 ESCO 双方实施节能项目的内在动力。②ESCO 为客户实施节能项目，承担了与项目实施有关的大部分风险，从而克服了目前实施节能项目的主要市场障碍。在传统的节能投资方式下，节能项目的所有风险和所有赢利都由实施节能投资的企业承担，而在合同能源管理方式中，其资金可以由企业投入，也可以由专业的节能服务公司投入，或是向银行贷款。如此就不需要企业自身对节能项目进行大笔投资，即可获得节能项目和节能效益，从而实现零风险。③ESCO 是专业化的节能服务公司，在实施节能项目时具有专业技术服务、系统管理、资金筹措等多方面的综合优势；ESCO 的专业化管理，不仅可以有效地降低项目成本，还通过分享节能项目实施后产生的节能效益来获得利润而不断发展壮大，并吸引其他节能机构和投资者组建更多的 ESCO，从而在全社会实施更多的节能项目。ESCO 的发展将推动和促进节能的产业化。

目前我国已经在北京、辽宁、山东三家合同能源管理示范试点基础上，利用全球环境基金赠款为节能服务公司实施合同能源管理项目提供贷款担保，推动成立了节能服务产业委员会，为节能服务公司加快发展提供技术支持。近年来，合同能源管理在我国发展迅速，经营模式从单一的分享型发展到保证型、托管型等多种模式，服务领域也从工业扩展到了建筑、交通、公共机构等。"合同能源管理项目投资已经从 2003 年的 8.5 亿元增加到 2008 年的 116.7 亿元，形成的年节能能力从 56 万吨标准煤增加到 570 万吨标准煤。"①

为推广合同能源管理的节能新机制，国家有关部门也出台了相关的政策支持。国务院办公厅就转发了发展改革委、财政部、税务总局、人民银行等部门《关于加

---

① 相关数据来自"全国发展改革系统资源节约和环境保护工作会议"的会议文件。

快推行合同能源管理促进节能服务产业发展意见的通知》，明确了一系列鼓励合同能源管理的财政、税收和金融政策，扫清了合同能源管理税负不合理、财务和会计制度缺失等方面的障碍，在一定程度上破解了节能服务公司融资难、缺少政府扶持等发展难题。例如，在税收扶持方面，国务院通知明确，对节能服务公司实施合同能源管理项目取得的营业税应税收入，暂免征营业税；对其无偿转让给耗能单位的因实施合同能源管理项目形成的资产，免征增值税；节能服务公司实施合同能源管理项目，符合税法有关规定的，自项目取得第一笔生产经营收入所属纳税年度起，前三年免征企业所得税，后三年减半征收[①]。

三 融资信贷的竞争机制

竞争机制是指在市场经济中，各个经济行为主体之间为获得自身利益最大化而展开在资金、人才、技术等方面资源的竞争，并由此形成经济内部的必然联系和影响。按照"优胜劣汰"的法则，竞争机制刺激企业成长或者被淘汰，通过价格竞争来调节市场的运行。竞争机制对市场经济的发展起着至关重要的作用。

---

① 根据《关于加快推行合同能源管理促进节能服务产业发展意见的通知》整理。

第一，竞争机制是企业不断进步的重要因素。由于面临着优胜劣汰，就迫使企业必须不断采用先进环保的生产方法，引用高效率的生产方式和设备进行技术升级，节约使用能源。

第二，竞争机制保证了价格机制的调整作用。经济学假设中最重要也是最基础的要素就是充分的市场竞争。有效的竞争机制是价格机制发挥效用、促进资源优化配置、调整供求机制的作用前提。

第三，竞争机制促进了资源的良性配置。采用先进环保、高效率生产方式的企业，其产品价格会降低，企业的销售和赢利也就越多，企业就越有条件发展，从而形成良性循环。反之，低效率的企业会逐渐亏损甚至被淘汰。资源会不断流向技术先进、环保高效的企业，从而实现资源的优化良性配置。

节能的竞争机制主要通过对融资信贷的调整，以引导企业良性竞争，优胜劣汰。竞争机制利用金融手段，依靠政府正确引导，以及节能环保部门与金融部门的合作，通过企业的市场融资、担保等渠道倒逼企业节能减排的实现。主要推行"绿色信贷政策"，通过建立环境信息通报制度，将企业环境违法信息纳入企业信用评价系统，从而进一步规范高耗能、高污染行业企业申请上市或再融资环境保护核查工作，遏制"两高"企业的盲目投资，而对符合节能减排和循环经济条件的项目优先提供融资服务。

银行还对节能减排产品和推广节能技术、环保技术及新能源技术加大资金支持，促进技术合作与成果转让。开征碳可持续发展基金也是行之有效的方法，它是将一定比例的资金用于解决跨区域生态环境治理、资源型经济转型和接替产业发展等问题上。此外，引入境外战略投资者，利用金融租赁、保险介入、财政贴息、企业还贷、风险分担等也是较为有效的金融手段。当前全球经济快速发展，市场竞争日趋激烈，能源资源和生态环境面临着更大的压力，金融机构为此需要在三方面做出贡献：一是正确理解国家宏观调控的政策目的，切实抓好政策的贯彻落实，加强与节能减排主管机构的合作；二是通过金融产品和服务方式创新，加强国际间交流，依靠多层次金融市场支持节能减排；三是进行市场化运作，区别对待、科学合理地对企业和项目提供金融支持。

金融手段调控节能减排的影响因素主要来自五个方面：一是银行历史行为和信贷政策。钢铁、电力、建材等"两高"行业通常也是高利润行业，长期以来一直得到银行的支持，若取消或控制其贷款，会使商业银行失去已有的利润丰厚的信贷市场。因此，银行往往愿意放宽标准，变通行事，使得节能环保政策难以得到有效落实。二是地方政府干预。在 GDP 增长占主导地位的政府绩效考评系统下，地方政府发展经济片面地追求经济指标，而忽视能耗和污染指标。地方政府在对银行信贷的引导上，只要是能够创造 GDP 和就业机会的企业，就要求银行给予支持。在这样的干预下，大量的信贷资金继续投放到"两高"企业。三是信息系统。目前环境污染信息尚未全面及时地进入银行征信系统，银行部门仅能从环保部门得到部分滞后信息，难以及时全面掌握企业环保的真实情况，从而无法满足银行审批贷款的具体需要，影响了绿色信贷的执行效果。四是信贷标准的制定和执行。银行缺乏节能环保专业人员。目前绿色信贷的标准多是综合性、原则性的，缺少具体的指导目录与环境风险评级标准，这就降低了绿色信贷的可操作性。五是缺乏推进绿色信贷的激励机制。当前政府对于环境保护做得好的企业缺少鼓励性的经济扶持政策，从而难以有效吸引银行业支持环保项目。

四 排放权交易机制

目前，市场机制中的排放权交易机制已经成为解决节能管理问题的主要途径之一。建立碳等排放物的排放权交易市场是当前全球应对气候变化问题最有效的措施之一。美国从 1976 年就开始实施了污染排放权的可交易许可制度。排放权交易机制能发挥市场经济优化配置能源和环境资源的基础性作用，确定了排放权价格，有效地体现了排放权的稀缺性和价值，为遏制温室气体排放、全球气候变暖等提供有效的激励机制。排放权交易实质上是环境容量使用权交易，是行政手段、经济手段和法律手段的综合运用。实施排放权交易，从国家角度来看，能够控制污染物的排放量。从企业的角度来看，出卖方通过改进技术节余排放指标获得了经济利益，购买方由于购买的成本比自行治理污染的成本低而通过购买节约了成本，双方都实现了经济效益。从社会角度来看，排放权交易通过市场力量来寻求污染物削减的最低边际费用，使整体的污染物允许排放量的处理费用趋于最低，实现了社会资源的优化配置，从而实现了社会效益。

节能管理的排放权交易机制理论上源于科斯定理。20世纪60年代，著名的科斯定理阐明：在产权明确、交易成本可忽略的条件下，外部效应的有关方面必然会达成自愿的交易，实现外部效应的内部化，从而获得令各方满意的结果。科斯认为，如果市场交易成本趋向于零，市场产权明晰并允许双方当事人进行谈判交易的话，完全竞争市场可以实现资源的有效优化配置。基于庇古的"污染者付费"原则，1968年美国经济学家戴尔斯在《污染、财富和价格》一书中提出了排放权交易政策：建立合法的污染物排放权利即排放权（这种权利通常以排放许可证的形式表现），并允许这种权利像商品那样被买入和卖出，以此来进行污染物的排放控制。这种可交易排放许可意味着许可的排放量可以事先在各个地区的排污者之间进行分配。当排污者的排放水平低于许可水平时可以将余下的排放许可出售或者转让。政府可以通过控制可排放交易许可的数量来达到节能管理的目的。

排放权交易制度的作用机制见图 2 - 3。在图中，横轴表示排放权的数量，纵轴表示排放权的价格。如在一定地域范围内，政府宣布它将发售 R^* 单位的排放权，这样排放权的供给就是一条通过 R^* 的垂线 S_R。排放权的需求 D_R 向右下方倾斜，每单位排放权的均衡价格为 P_1。这样，那些不愿为每单位污染支付 P_1 的企业，要么减少产量甚至是停产，要么采用更加环保的技术。

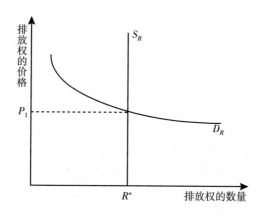

图 2 - 3　排放权交易制度的作用机制

在实行可交易许可的制度下，政府利用总污染控制和总污染损害曲线的信息，确定总污染量排放的社会最优水平，并且发放相应数量的许可证。

假定每个企业都可以得到许可证，企业只要遵守交易的限制，就可以自由选择它所要达到的产量水平。此时，企业利润最大化可以表示为：

$$\text{Max}\{pq_i - c_i(q_i, x_i) + p_y[y_{i0} - y_i(q_i, x_i)]\}$$

其中，p 为产品价格，q 为产量，c 为成本，x 为削减量，p_y 为许可证价格，y 为排污量，i 为企业。

对 p 和 x 分别求导得出企业利润最大化的条件为：

$$p = c_q' + p_y Y_q' \qquad c_a' = -p_y Y_x'$$

由此，"可交易许可制度下产品价格正好内部化了环境污染危害，且排污许可证的价格等于污染的边际危害。"①

排放权交易机制主要是由国际性环保组织、联盟和各国政府作为排放权的供给主体，根据规划的环境容量或者排污数量确定排放总额和总体目标，将其数量化和商品化，使其在排放权交易市场中流通。排放权交易的需求主体是具有排放任务的企业，各个企业生产技术水平、产品质量、产量规模等方面的差异造成了其减排成本的不同，因此排放权对于每一个需求主体的价值不同，按照需求主体持有排放权的多少和减排成本的高低会产生排放权的交易。交易的过程就是能源优化配置的过程。一旦将排放权市场化和商品化，将促使市场经济中的各

---

① 〔瑞典〕托马斯·思德纳：《环境与自然资源管理的政策工具》，张蔚文、黄祖辉译，上海三联书店、上海人民出版社，2005，第 125 页。

个经济主体表达出自身在排污定额下的偏好（交易排放权还是提高技术进步减排），通过不同主体间交易来实现节能管理的目标。

北京环境交易所、天津排放权交易所、上海环境能源交易所是我国在排放权交易市场建设的代表，三个交易所的立足点和着重点各有侧重①。

北京环境交易所是由北京产权交易所有限公司、中海油新能源投资有限责任公司、中国国电集团公司、中国光大投资管理公司等机构发起成立的公司制的环境权益公开、集中交易机构。其业务发展的主要规划方向：一是开展环保和排污、排放的技术交易；二是通过集团化和网络化建设，逐步发展成为中国重要的金融衍生品市场、环境权益产品交易平台，最终成为全球主要环境权益产品定价中心。

天津排放权交易所是由中油资产管理有限公司、天津产权交易中心、芝加哥气候交易所三家机构共同出资建立的，以温室气体和主要污染物排放权交易为主要业务，涵盖节能减排产业链上的各类交易、咨询综合服务，利用市场化手段和金融创新方式促进节能减排的国际化交易平台。

上海环境能源交易所是上海市人民政府批准设立的服

---

① 三大排放权交易所简介来自其网站上的信息介绍。

务全国、面向世界的国际化、综合性的环境能源权益交易市场平台，其业务主要方向是环境能源领域的物权、债权、股权、知识产权等权益交易服务，为环境能源领域各类权益人、节能减排集成商、科研机构、投资机构等提供节能减排咨询、项目设计、项目价值评价、经营策划、项目包装、基金运行、项目投融资以及技术支撑等各类服务。

基于当前的金融创新和未来碳排放权交易的巨大规模，排放权已经逐渐显现出其自身的金融属性。排放权极有可能成为一种新的泛货币化的价值尺度和价值符号。"芝加哥气候交易所、蒙特利尔气候交易所、欧洲气候交易所等欧美排放权交易所相继成立，并在碳排放领域掌握了相关交易品种的定价权。欧美主要发达国家都通过这些交易所进行碳交易，降低温室气体的排放并取得了明显的经济效益。"[①]

第三节　建设节能市场机制的国际经验

在全球气候逐渐变暖的大背景下，温室气体排放权交易市场规模迅速扩大。以碳排放交易市场为例，"2006 年

---

① （国务院发展研究中心"应对国际能源环境变化，促进我国发展方式转变研究"课题组）项安波等：《完善节能减排市场机制应对气候变化挑战》，2010。

全球碳市场成交额增幅为 187.5%，2007 年为 101.7%。即使在金融危机影响下的 2008 年，增幅仍高达 100.5%，全球碳排放市场交易额达到 1260 亿美元。世界银行预测 2012 年碳排放市场交易额将达 1900 亿美元，可能超过石油期货市场成为世界第一大市场。"[①] 虽然国外的碳排放交易市场主要针对温室气体排放，但相应的市场机制却通过鼓励技术进步有效地促进了节能。目前的国际碳市场可以划分为两种类型：一种是基于项目的碳市场（Project-based Transaction）；另一种是基于配额的碳市场（Allowance Market）。

一 基于项目的清洁发展机制

《京都议定书》下的清洁发展机制（Clean Development Mechanism，CDM）是基于项目的碳市场中最主要的交易形式。20 世纪 70～80 年代，国际社会已经开始意识到气候变化问题的严重性和紧迫性，要求研究气候变化并制定相应政策的呼声愈来愈高。1990 年，联合国第 45 届大会设立气候变化框架公约政府间谈判委员会。1992 年，该委员会通过了《联合国气候变化框架公约》（UNFCCC），并于 1994 年正式生效。1997 年在日本东京召开的第三次

---

① （国务院发展研究中心"应对国际能源环境变化，促进我国发展方式转变研究"课题组）项安波等：《完善节能减排市场机制应对气候变化挑战》，2010。

缔约方会议制定了《京都议定书》，分别确定了联合履行（JI）机制①、清洁发展机制（CDM）和国际排放贸易（IET）机制②三种帮助发达国家实现减排的灵活机制。三种机制的核心在于发达国家可以通过这三种机制在本国以外的地区取得减排的抵消额，从而以较低的成本实现减排目标。而这三种机制中与发展中国家直接相关的是清洁发展机制。

清洁发展机制的核心是允许《联合国气候变化框架公约》中的发达国家与发展中国家合作，在发展中国家实施温室气体减排项目。清洁发展机制的主要内容是发达国家可以通过提供资金和技术的方式，与发展中国家开展项目合作，在发展中国家进行既符合可持续发展政策要求，又能产生温室气体减排效果的项目投资，由此换取项目所产生的部分或者全部减排额度，作为其履行减排义务的组成部分，这个额度在清洁发展机制中被定义为"经核证的减排额度"（CERs）。

清洁发展机制是《京都议定书》建立的灵活机制之一，目的是帮助发达国家遵守它们在议定书中所承担的约束性温室气体减排任务，并有益于全球的可持续发展和

---

① 联合履行（Joint Implementation，JI）机制，是指可采用"集团方式"减排，例如欧盟各成员国可作为一个整体，只要总量实现排放任务即可。

② 国际排放贸易（Intenational Emissions Trading，IET）机制，是指发达国家之间可进行排放额度买卖的"排放权交易"，难以完成减排指标的国家可花钱从超额完成的国家买入其超出的额度。

《联合国气候变化框架公约》目标的最终实现。通过参与清洁发展机制项目合作，发达国家获得 CERs 的成本远远低于其采取国内减排行动的成本，这样可以大幅度降低其实现议定书下减排义务的经济成本。发展中国家则可以获得额外的资金或先进的环境友好技术和相应的资金，促进本国的可持续发展。因此，清洁发展机制是一种"双赢"的机制，可以降低全球实现温室气体减排的总体经济成本。

根据《马拉喀什协定》，清洁发展机制项目的主要项目过程如下[①]。

1. 项目识别和设计

清洁发展机制项目的设计阶段，《京都议定书》附件一缔约方的私人或公共实体首先应与非附件一缔约方的相关实体就清洁发展机制项目的技术选择、规模、资金安排、交易成本、减排量等进行磋商并达成一致意见。设计潜在的清洁发展机制项目时，应考虑一些关键的因素，诸如项目的额外性、开发模式、交易风险等。确定了要开发的潜在的清洁发展机制项目之后，项目开发者需要根据清洁发展机制执行理事会的要求格式和内容完成项目设计文件。由于项目设计阶段需要处理一些相对复杂的方法学技术，项目开发者一般会聘请咨询公司帮助其完成项目设计

---

① 钱伯章：《节能减排——可持续发展的必由之路》，科学出版社，2008，第 362 页。

文件。

2. 项目审定

相关的技术准备工作完成之后，项目参与者选择合适的指定经营实体（DOE），签约并委托其进行清洁发展机制项目的审定工作，基于项目开发者提交的项目设计文件，指定经营实体对清洁发展机制项目活动进行审查和评价。在评论期结束之后，指定经营实体将根据各种信息完成一个对该项目的审定报告，确认该项目是否被认可，同时将结果告知项目参与方，若不认可该项目，还应给出相应的原因。

3. 项目注册

如果指定经营实体经过审定，认为该清洁发展机制项目符合项目的核实要求，它会以核实报告的形式向清洁发展机制执行理事会提出项目注册申请，同时将该核实报告公布于众。如果执行理事会的审查通过，说明该项目可以进行注册，同时意味着项目可以产生减排量。

此外，值得引起注意的是，清洁发展机制项目要进行注册，必须具有参加项目的每个缔约方的国家清洁发展机制主管机构出具的该缔约方自愿参加该项目的书面文件和证明，包括项目归属国家的国家清洁发展机制主管机构对该项目可以帮助其实现可持续发展的确认。

4. 项目实施、监测和报告

清洁发展机制项目注册之后就进入具体实施阶段。项目开发者根据经过注册的项目设计文件中的监测计划，对项目的实施活动进行监测，并向负责核查和核证项目减排量的指定经营实体报告监测结果。项目减排量的核查指的是与项目开发者签约的指定经营实体对注册的清洁发展机制项目在一定阶段的减排量进行周期性的独立评估和事后决定。而项目减排量的核证指的是指定经营实体以书面的形式保证某一个清洁发展机制项目的活动实现了经核实的减排量。根据核查的检测数据，经过注册的计算程序和方法，指定经营实体可以计算出清洁发展机制项目的减排量，并向执行理事会提交核证报告。

5. CERs 的签发

CERs 是指核准的温室气体减排量。指定经营实体提交给执行理事会的核证报告实际上就是一个申请，请求签发与核查的减排量相等的 CERs。

二 基于配额的欧盟排放交易机制

与基于项目的碳交易机制不同，在配额基础交易中购买者所购买的排放配额，是在总量控制与贸易机制（Cap & Trade System）下由管理者确定和分配（或拍卖）的。欧盟排放交易机制（EU－ETS）就是以配额交易为基础的，在该机制下，人们采用总量控制与贸易的管理和交易模式，即环境管理者会设置一个排放量的上限，受该体系管辖的每个企业将从环境管理者那里分配到相应数量的

"排放许可"（EU Allowance，EUA），每个 EUA 可以排放 1 吨 CO_2 当量。如果在承诺期中这些企业的温室气体排放量低于该分配数量，则剩余的 EUA 可以通过交易市场有偿转让给实际排放量高于其承诺而面临违约风险的国家和企业，以获取利润；而实际排放量高于其承诺的国家和企业必须到市场上购买超额的 EUA 或者清洁发展机制项目产生的 CERs，否则将被处以重罚。欧盟基于配额的贸易排放体系是一种以市场为基础的新型市场机制建设，配额的卖方由于低能耗而节余排放配额，出售排放配额获得的收益实质上是对企业有利于环境的生产方式外部经济性的补偿；而无法按照配额要求排放的企业只能购买排放配额，是对其生产方式外部不经济的一种惩罚。配额交易通过影响市场的供求机制从而间接地鼓励企业通过生产技术进步来最大限度地实现节能。

配额基础交易控制温室气体减排的作用机理，主要是通过市场机制，以价格信号为主要手段，鼓励促进技术进步实现的。配额（Allowance）的实质为排放一定数额的温室气体的权利。在许可的范围内排放是自由的，若想超越被授予的许可排放权利，则必须付出一定的代价——或从他处购买配额，或面临罚款。因此，配额分配（Allowance Allocation）是欧盟排放交易机制运行的核心。

截至 2007 年，共有 27 个欧盟成员国的 11000 个工业设施（包括发电、钢铁、玻璃、水泥等部门）加入了这一配额交易系统。"配额交易机制所涵盖的 CO_2 排放数量为欧盟总排放量的40%。"[1]

（一）配额分配标准——承担共同但有区别的责任

《京都议定书》中对欧盟设定了8%的总体减排水平，但欧洲委员会并没有绝对平均地分配给每个成员国承担同样的减排义务。欧洲委员会在规定各个成员国的减排任务时，充分考虑了各个成员国的经济发展情况。规定成员国具体减排义务的《欧洲责任分担协议》的基本标准是相对富裕的国家承担相对较大的减排义务，如德国被要求在1990年的水平上减排21%；而相对较贫穷的国家被允许增加排放额度，如希腊被允许在1990年的水平上增加25%的排放。

每个成员国需制定自身的《国家分配计划》，在分配计划中应规定该国许可排放的总额以及给每个排放实体的具体分配数额，相关数据应经过欧洲委员会的审核。在《国家分配计划》中各国将该国所承担的减排义务在可交易部门和不可交易部门之间分摊，然后再分配减排许可到可交易部门的每一个排放实体。得到许可的排放实体或根据许可额排放，或将多余部分在交易市场上转让，或放弃该许可，或申请注销。

---

[1]　数据来自 Q&A, "Europe's Carbon Trading Scheme", BBC, November, 2006。

欧盟排放交易机制的许可分配过程坚持的是共同但有区别的责任标准。欧盟成员国承担在 1990 年的 CO_2 排放水平上减排 8% 的共同责任，但欧盟各成员国根据各自经济发展水平和历史排放现实承担有区别的责任。

（二）配额分配方式——免费发放为主

欧盟排放交易机制配额分配的方式主要有两种：免费发放和拍卖发放。《欧盟排放指令》允许"成员国在第一阶段将其所分配的许可中不超过 5% 用于拍卖和第二阶段的不超过 10% 用于拍卖"。虽然在欧盟各成员国制订第一阶段的国家分配计划时，绝大多数的政府都明确表示将采用拍卖发放的方式来分配一定数额的"排放许可"，但是在几乎所有企业都反对采用拍卖形式发放的情况下，第一阶段的欧盟成员国国家分配计划中只有四个成员国采用了拍卖发放的方式（分别是丹麦、匈牙利、立陶宛和爱尔兰），这四个国家采用拍卖方式发放的排放配额 EUA 也均不超过其国家排放计划的 5%。而对于整个欧盟排放交易机制来说，平均每年分配的 22 亿 EUA 中，仅有 300 万 EUA（约占 0.136%）是通过拍卖分配的。可见，欧盟排放交易机制配额分配的最主要分配方式仍然是免费发放。

（三）配额分配的主要优点和问题关注

从欧盟排放交易机制实施的实际情况来看，实施这一机制对节能的主要优点有：第一，通过市场机制完成了节能减排的任务，减少了相应的政府管制成本；第二，有效地促进了技术革新，相应的技术革新通过溢出效应进一步推动节能减排的提高；第三，交易双方均从交易中获利，交易主体通过技术变革与创新来促进节能减排的积极性很高。在配额分配中应注意一些问题：一方面，合理确定温室气体排放配额总量和各地区分配量很重要。如果排放配额过多，会导致交易价格很低，交易双方没有积极性进行节能技术改造；另一方面，如果排放配额过少，市场经济主体会由于技术革新成本太高而放弃节能技术的研发。所以，配额分配中配额数量的界定是欧盟排放交易机制顺利实施的关键因素。

（四）配额分配中需关注公平和效率

在欧盟内部，各成员国分享同一市场体系，在该体系中资本和商品可以自由流通并促进不同成员国企业之间的竞争。因此，公平和效率的问题一直是各成员国都非常关注的，而且这种关注和担忧随着欧盟共同市场的纵深发展愈加激烈。因为每一个成员国都有权决定分配给可交易部门乃至每个产业和每个排放实体的许可数额，因而公平和效率的问题就不得不考虑。尽管分配给排放实体的许可一般而言对该实体的生产和成本没有明显的影响，但是许可却能影响该实体的资金流动，包括向资本市场融资的需要。由于缺少适当和充分的合作，每个成员国都有强烈的动机来设定过高的限制①。这样做可以给本国的排放实体

---

① 义务和权利往往是对等的，过高的义务往往意味着过多的排放许可。

增加竞争优势，因为多出来的排放许可可以卖给其他成员国的排放实体。

对公平和效率需要关注的另一个问题是，成员国根据自身的需要或者受某些利益集团的影响会利用这种自由决定权来支持特定产业或企业。这种优惠政策会带来两种后果：第一是增加本国其他产业、纳税人或非交易部门的负担；第二是通过优惠政策使特定产业或企业和其他成员国的相同产业或企业相比具有竞争优势。然而，这种优惠安排虽然在短期内可能给本国的特定产业或企业带来一定的利益，但从长远来看，它会破坏欧盟排放交易机制的作用力并最终使本国利益受损。

与欧盟排放交易机制相比，清洁发展机制是在《京都议定书》规定的发达国家为履行其减排承诺可采取的灵活方式之一。《京都议定书》的规定具有国际法约束力，达不到减排承认的国家将面临严厉的惩罚。为了建立《京都议定书》中的清洁发展机制，欧盟 2004 年第 101 号指令（Directive 2004/101/EC）对欧盟 2003/87/EC 指令做出一些修正，其目的是使欧盟排放交易机制与《京都议定书》相协调。根据相关指令，欧盟排放交易机制下的排放实体可以利用清洁发展机制中获得的减排信用，履行其欧盟排放交易机制下的义务。清洁发展机制下的减排信用可以作为配额，从而在增加了欧盟排放贸易市场的流动性的同时，也降低了配额价格和履约成本。

欧盟排放交易机制是欧盟应对《京都议定书》承诺的一个重要手段。欧盟排放交易机制和《京都议定书》的正式生效运行，标志着全球碳排放交易市场正式形成。《京都议定书》中的清洁发展机制中的碳交易形式是以项目为基础的减排交易（Projected-based Market），清洁发展机制是在《京都议定书》附件一国家和发展中国家之间展开的。而欧盟排放交易机制则是以配额为基础的减排交易（Allowance-based Market），与项目为基础的减排交易不同，在碳交易中购买者所购买的排放配额是在限额与贸易机制下由管理者确定和分配的。欧盟排放交易机制允许欧盟成员国之间的企业根据自身减排成本的差异，自由买卖温室气体减排配额，在该市场下交易的减排单位是 EUA，交易的需求方是排放超标的排放实体，供给方则是配额有剩余的排放实体。总之，欧盟排放交易机制的运行和发展加快了国际碳排放交易市场的发展，促进了包括清洁发展机制在内的多项国际排放贸易机制的创建。

第四节　中国节能市场机制的构建与运行

一　完善能源价格定价机制

目前，我国能源产品的定价机制只基于能源开发成本的状况，并没有囊括环境污染成本和能源利用成本。能源价格偏离了其本身的真实价值，使得能源耗费者忽视了能源的稀缺性和对环境造成的负效应，间接地鼓励了资源的浪费和环境的污染，阻碍了当前节能的实际进程。当前应逐步完善能源价格的定价机制，使能源价格能够反映能源的稀缺性、环境成本和供求关系，通过竞争机制的推动，淘汰高耗能企业。同时，从节能管理的角度讲，扩大对高耗能产业实施差别能源价格的政策范围是完善能源价格定价机制的必备措施。能源市场价格机制应该使能源价格充分反映能源稀缺程度、市场供求关系、污染治理成本、环境成本。

（一）能源价格市场定价机制的改革

由于一直以来实行能源低价战略，我国的能源价格水平一直相对偏低。以石油价格为例，1998 年 6 月出台的《原油成品油价格改革方案》对我国的原油、成品油定价机制进行了重大改革，借此方案我国建立了与国际石油市场接轨的定价机制。"但是，目前中国石油价格仍低于国际市场石油价格水平。以 2008 年 6 月 20 日中国调整后的石油价格为例，按照当日人民币兑美元的外汇牌价（1 美元 = 6.8826 元人民币），当日中国汽油的价格为 1014.15 美元，仅为国际市场价格的 85% 左右。"[1]

---

[1]　赵晓丽、洪东悦：《中国节能政策演变与展望》，《中国软科学》2010 年第 4 期。

对于石油价格改革来说，应该打破石油领域的价格垄断，充分发挥市场在资源优化配置中的作用。逐步放开石油炼制、批发、零售等领域内的企业垄断；完善石油价格与国际价格接轨机制，成品油的零售价格应该全面放开，让市场自动协调，增强价格接轨的同步性，加强对石油市场的检测，努力使接轨以后的价格反映国内供求关系；建立和完善国内石油期货市场，充分发挥石油期货市场发现价格、转移风险和资源优化配置的功能，努力参与形成国际石油价格的制定，提高我国在国际石油价格制定中的地位。

对于天然气价格改革来说，应当适度放松政府部门的管制，加快天然气勘探开发利用的市场开放，进一步均衡天然气的供求关系；构筑与国际天然气价格相联系的天然气定价机制，加快将国外天然气输入国内的步伐，降低天然气的生产成本和国际管道运输成本；实施天然气管道的运输特许经营，引入对管道经营权的竞争，以此来挑选高效率的企业经营天然气管道，降低天然气管道运输费用；建立天然气价格与可替代能源价格挂钩机制和动态调整机制。

对于电力价格改革来说，要充分发挥市场在电力资源优化配置中的基础作用，在发电环节实现"厂网分离、竞价上网"。在之前垄断经营的输配电环节建立独立的输配电价格机制，逐步实现销售电价与上网电价联动的机制。同时，继续实行阶梯电价政策，推行"峰时电价"，限制高耗能产业用电，促进节约用电。

对于煤炭价格改革来说，要逐步建立并实施煤炭计价的完全成本，即充分考虑煤炭挖掘、运输等各个环节的成本，还要考虑可持续开发的成本。

（二）实行高耗能产业差别能源定价

逐步提高我国的能源价格，特别是对高耗能产业的能源价格可以促使高耗能企业节约能源投入，有利于提高能源的利用效率。当前，我国已经对高耗能工业和企业实施差别电价政策，差别电价政策对遏制高耗能产业盲目发展、促进产业结构调整和技术升级、缓解电力供应紧张矛盾发挥了积极作用。但是我国目前对整个高耗能产业的差别能源价格政策在其他能源领域尚未得到实现。当前，应将产业政策和价格手段有机地结合起来，进一步扩大差别能源价格政策范围，坚持"鼓励先进、淘汰落后"的原则。对于技术先进、节能环保达标的企业执行正常能源价格，不影响企业正常的生产经营，间接地扩大该类企业的竞争优势；小幅度提高对限制类企业的能源价格标准，引导该类企业进行技术升级改造，避免出现新一轮的低水平重复建设，当限制类企业通过技术升级改造进入允许类企业行列后，对其取消能源加价；大幅度提高淘汰类企业的能源价格水平，逐步影响该类企业直至其被淘汰退出市场。

对高耗能工业和企业实行差别的能源政策，有利于遏制高耗能和高污染行业的盲目发展和低水平重复建设，缓解当前能源供给的紧张局面，促进建立节约能源的长效机制。

（三）建立能源利用的环境价格补偿机制

当前我国的环境状况十分严峻。在能源领域内，长期低价甚至无偿的环境使用以及相应的生态环境补偿机制的缺失，是能源开发利用中环境污染不减的重要原因，同时也是我国节能管理的重大障碍。

建立和完善能源有偿使用体系、能源价格定价机制，改变当前能源价格只基于能源开发成本的状况，使能源价格还囊括环境污染成本、能源利用成本等；将各种能源的环境要素设计进市场价格机制中，将能源开发利用中涉及的环境保护、再生、补偿纳入经济运行中，依据价值规律和供求关系来确定能源的环境要素价格，使能源价格真实反映其价值、稀缺程度和环境成本。通过价格机制强化社会经济活动中各个环节对能源的节约利用，推进废弃物资循环再利用，以实现社会的节能管理。同时，完善当前与环境有关的能源产品价格定价政策。依据"谁污染、谁治理、谁付费"的原则，相关的能源产品定价应包括污染者应该支付的环境污染的治理成本和能源产品开发使用造成的环境损失费用。根据边际损害（外部）成本，实现企业对其使用能源排放废弃物造成的环境损害进行付费补偿，将环境的污染和损害计入企业生产成本，迫使企业节约使用能源，减少废弃物排放。

（四）建立可再生能源价格补偿机制

合理的能源产品价格应该反映能源产品的供求关系、能源的稀缺程度和环境成本，同时还要体现能源之间的替代性和互补性。对于诸如风能、生物能、潮汐能等可再生能源的开发使用，虽然其能源价格应由市场决定，但是政府可以根据可再生资源与常规能源的开发成本间的差额，按单位给予可再生资源企业定额补贴。或者按照可再生资源的开发实际成本核定相应的能源价格，并强制相关经销企业采用全额收购的方法进行可再生资源的价格改革。

二 保障合同能源管理实施

合同能源管理作为新型的节能市场运作机制，已经成为节能服务业的重要组成部分，对节能管理工作起到了巨大的推动作用。当前，世界各国的节能服务公司在政府的支持下都得到了飞速的发展，已经成为一种新兴的节能产业，带动和促进了西方发达国家全社会节能项目的普遍实施。然而在我国推广合同能源管理尚存在着一些障碍和急需解决的问题，需要采取以下措施予以保障我国合同能源管理的实施。

（一）打造节能服务公司融资渠道

当前我国成立的节能服务公司资金量十分短缺且

缺乏足够的融资能力和配套的融资渠道。多数节能服务公司资金实力很弱，无力提供银行贷款所需的担保或抵押，又缺乏财务资格信用等相关的历史记录，因此无法获得或者获得的银行授信额度较小。如此一来，节能服务公司由于资金不足，一些好的节能技术改进项目无法顺利开展和实施。当前庞大的节能服务公司的节能资金需求急需国家制定相应的配套财政政策，通过担保、补贴等方式给予支持。政府亦可建立相应的国家节能专项基金，通过股权融资、财务融资等多种金融手段对相关的节能服务公司提供资金支持。同时，建立与合同能源管理项目贷款相应的担保机制，动员国内的金融机构积极参加节能项目的开发和实施，为节能服务公司的建立和发展提供资金、信贷、担保、再担保等融资渠道的支持。

（二）改革节能服务公司财务管理制度

当前节能市场中合同能源管理的运行机制与现行的企业财务管理制度存在着矛盾。例如，"先投资后回收"这一模式按现行企业财务运行模式无法做财务会计核算。比如固定资产设备在企业中使用，但是在合同期内资产的所有权属于节能服务公司。对于企业来说，支付相应的节能费用既不能进入成本核算，也无法计提折旧，使得相关的会计核算陷入困境。因此，需要改革财务管理中相关节能的财务制度，"允许节能服务公司中的费用进入当期产品成本，确保先投资后回收模式的正常运转"[1]，或者"单独设置合同能源管理的会计科目。用户可考虑将合同约定的支付给节能服务公司的节能效益的相关费用列入预算，以解决合同能源管理的费用支付问题"[2]。

（三）引入第三方认证机构和标准

节能效应的评估是当前合同能源管理项目的关键所在，因为节能服务公司收益的多少取决于节能效应的好坏。但是，"目前由于我国缺少具有权威性的第三方认证机构和统一的评估标准来进行节能效应核准和评估，节能服务公司经常在节能效应的核准和评估上难以与服务企业达成一致。"[3] 美国在节能服务领域制定了"国际节能效果测量和认证规程"（IPMVP），该规程为合同能源管理项目的运作提供了标准化技术规范和认证标准，有效地解决了节能效应在基准和能效上的技术问题。为了合同能源管理市场的稳定发展，我国应该着重培育一批有资质的、专业化的节能效应认证机构来做好相关认证评估工作，通过第三方认证使项目节能效应的核准和评估公平与公正。同时，我国应当建立合同能源管理项目的统一认证标准、

---

[1] 刘亢、朱彬、廖君：《合同能源管理（ESSCO）——正在崛起的新兴节能产业》，《中国工业报》2004 年 10 月 27 日。

[2] 王康、程丹明：《推进合同能源管理产业发展的几点建议》，《上海节能》2009 年第 11 期。

[3] 陈赟：《加快我国合同能源管理发展的思考》，《中国能源》2011 年第 1 期。

操作规程和收费规范，为合同能源管理项目的实施提供通用的行业标准和技术规范，以此保证合同能源管理项目的顺利开展。

（四）加大高耗能企业的惩罚力度

我国现行节能法律法规和相关规章制度的约束力很弱，对高耗能企业（特别是能源利用效率低的企业）或行为并没有严厉的惩罚和处罚措施。大多数企业因为目前能源消耗占本公司产品成本的比重不高，因而没有节能的驱动力。相关部门应当颁布修改相应的节能法律，出台与环保政策相衔接的带有强制执行节能的法律法规，从法律法规和国家宏观政策上引导企业真正重视节能，加大对高耗能企业的惩罚力度，对于能源消耗达不到国家相应的产品、行业标准的企业限期整改、取缔。

三　把握能源领域的融资信贷方向

目前，我国的节能管理资金主要来源于政府推动的节能减排示范工程和企业自身的资金，资金量少而节能项目的点多面广，节能项目效果不尽如人意。同时，节能项目资金和项目不太公开，没有形成完整的项目评估监督体系，节能的资金利用率偏低。利用节能管理的金融手段，可以通过把握能源领域的融资信贷方向来调节和优化节能领域的社会信贷结构，通过降低扶持项目的信贷条件、利率等市场化手段使社会资金能够更加有效地集中在能源节约使用的领域，通过能源领域的融资信贷方向的把握促进能源领域中行为主体的投资、购买、研发等节能行为的实施。

（一）利用信贷政策支持节能企业发展

当前各大银行都采取严格措施控制信贷投放，其在业务筛选上以"赢利性+安全性+流动性"为目标，最终落脚点是投资项目是否能够赢利，较少考虑节能项目的社会效益。信贷是企业筹措资金的重要渠道，对于企业项目开工、建设及投产有着重要作用，因而信贷的调控对生产者选择何种产品进行生产有很大影响。因此，银行机构特别是国有银行机构应该将环保因素和可持续观念纳入其融资信贷等业务中。在银行信贷审核过程中，应注重项目的经济利益和社会利益共存。在评估项目给银行带来的经济利益的同时，将发展循环经济、节约能源和维护生态环境等作为发放贷款的重要参考指标，注重项目实施后的社会环保效益，关注项目的实施是否符合节能管理的环保要求。

加强国家政策性银行对节能的投融资力度，可以对节能设备投资和技术研发项目给予低息、贴息贷款和贷款担保。银行应当降低节能企业节能项目贷款担保的门槛和标准，帮助企业解决担保难的问题。同时，信贷政策应该延长有利于可持续发展的项目的融资期限，对实行节能的企业提供中长期贷款，帮助节能的中小企业解决中长期贷款难的问题。对于节能贷款、还款来说，还可采用分期付款的方式，根据节能项目实施的现金流量和企业自身的经营情况来选择还款期限，较好地缓解企业的还款压力。此外，还可以采用贷款贴息方式，为列入国家可再生能源产业发展指导目录、符合信贷条件的可再生能源开发利用等项目安排贴息资金。

（二）严格信贷遏制高耗能企业增长

银行和各个金融机构应该在融资、信贷等方面严格管理高耗能、高污染企业的资金规模，迫使高耗能、高污染、低能效的企业和产品退出市场，以信贷、融资等金融手段支持节能管理工作的推进。对于高耗能、高污染项目，银行应利用信贷政策提高其信贷标准要求，同时控制其贷款的规模；严控高耗能、高污染、高排放的行业贷款，坚决不向国家限制和淘汰类项目发放贷款，对不符合产业结构政策和节能减排标准的企业要坚决停止贷款，已发放贷款的要逐步收回。同时，积极引导商业银行严格限制对高耗能、高污染及生产能力过剩行业中落后产能和工艺的信贷投入，建立新开工项目管理的金融部门联动机制和项目融资审批问责制，利用金融手段严格调控管理高耗能、高排放行业固定资产投资项目。

（三）运用综合金融工具操作

加强节能投资公司在节能领域的投资范围和力度。设立"节能风险基金"或"节能投资股权基金"，对融资困难的中小节能企业的节能研发和能效投资项目进行孵化，同时给予其适合的股权投资或低息信贷，帮助其提升市场竞争力。

我国当前的节能基金的形式主要有节能专项基金（如新型墙体材料专项基金）、国家科技创新基金（部分基金内容用于节能）、节能公益基金（如珠海市节能基金）、国际合作节能滚动基金（如农业银行与 UNDP 和 UNIDO 合作的乡镇企业节能技术改造专项滚动基金）、节能产业投资基金（如待开发的节能投资风险基金）等。我国目前现有的节能基金的不同点主要在于出资方的差异，相同点在于都是基于资金的杠杆作用推进节能领域的技术创新。

综合运用金融工具对于民间资金予以撬动，推动民间资本进入节能减排领域。为了增加节能专项资金的安全系数，可以由地方政府或者地方融资平台出面设立节能基金，吸引社会民间资金股权融资，采用多种形式的民间资本退出方式，使民间资本取得的股权股份可以自由交易。同时，还可以设立节能管理信托基金，进一步加大民间资本进入节能领域之后的收益率，提高民间资本进入节能领域的积极性。

四　排放权交易机制的优化建设

通过成立排放权交易所等节能减排的交易市场，利用市场运行机制来解决节能减排、环境污染等方面的问题是人类的创新。当前，我国各个省份和地区都纷纷采取产业结构调整、发展服务经济、发展循环经济等措施来实行经济结构转型。但是由于我国在现阶段国家节能减排的财政投入仍然有限，同时地区的能源结构调整和企业的节能技术进步短时间内难以奏效，所以各个省份和地区将在更大程度上在依赖市场机制提供的交易服务和激励的基础上实现节能减排的目的。

排放权交易机制的实质是通过核定和分配污染、排放或是耗能的规模限制，将企业对于环境污染、能源耗费等未计入能源价格的因素成本化，促使不同的微观经济主体充分调整自身的价值偏好，最终形成权利的交易和利益的再分配，实现社会资源的优化配置，达到帕累托效率。

排放权需求个体的节能技术水平、生产规模、产量上的巨大差异造成了每个排放个体减排成本的不一致，因此排放权对于每个排放个体的价值也不尽相同。当认为通过节能方式减少排放量的成本高于排放权价值时，那些自身无法实现或不愿意通过节能技术改进完成降低排放量的个体就会通过在一级交易市场中购买排放权来满足日常生产的排放需求；而认为通过节能方式减少排放量的成本低于排放权价值的时候，那些自身已经实现通过节能技术改进完成降低排放量的个体就会在一级市场中出售自身的排放权来获取经济利益。因此，排放权制度建立的基础主要有：首先要确定各地区或各省份的总体排放量并分发到各个微观企业中，发放排放许可证；其次才是建立合适的交易市场，使排放权许可在各个微观企业之间进行交易，政府对交易过程的合规性进行管理。

第一，建立多类型、多品种的排放交易所。建立符合交易双方要求、有法律保障、方便快捷的交易场所，通过提供集合各种排放权供需信息的场所和渠道来提高交易透明度和降低交易费用，如建立提供相关中介信息的信息网络系统、交易价格的调节制度等。交易所的建立将有利于节能规模化效应的提高，提高全社会的节能减排效率。

第二，引入基于期权的定价机制。各个微观企业可以按照企业的需求和对于通过节能技术改进成本的价值判断来购买一定比例的排放权和排放期权，保证微观企业在期初使用排放权的需求，避免政府定价不能反映供求关系、拍卖定价的资金占用，以及寻租腐败等方面的难题，增加排放权交易市场的灵活操纵性。

第三，完善排放权交易的法律制度建设。2005 年我国通过的《清洁发展机制项目运行管理办法》，作为规范我国排放活动的立法准则，起到了不可替代的作用。但是随着排放权交易的逐步增加，应当制定专门针对排放交易的《排放交易管理办法》，对排放权的交易、定价、风险控制和监管等方面的内容进行具体的法律规定，对超额排放的企业要给出处罚办法。通过完善相关立法为市场机制的调控做充分的补充，促进排放权交易市场的稳步发展。

第四，排放权按地区生产效率分配。生产效率较高的地区可分配较多的实际排放权，使其无须人为地降低地区的发展速度和规模，通过节能技术改进，实际排放较少的地区还可以通过转让排放权来获得经济收益。这样，我国各地区可更好地发挥各自的比较优势，在交易中实现共赢，同时也有利于地区振兴和产业转移的优化配置组合，防止高耗能、高排放企业以产业转移的名义在各个地区间无效率转移，从而更好地实现地区均衡发展，也使得我国的节能减排目标不单纯依靠降低能源使用总量和排放总量来实现。

第五，在总量控制的情况下，分区域、分类型地逐步建立和完善可交易的排放许可制度，通过逐步减少排放许可证总量这一稀缺资源，进而建立排放许可证价格的机制，引导企业在节能减排的技术创新与管理创新上下功夫，最终让企业在竞争中达到节能减排的目的[1]。

第六，确定排放配额的法定交易程序[2]。①申请。节能排放配额出售方与节能排放配额购买方向排放权交易所提出交易申请，提供双方的详细情况介绍资料、交易的必要性及可行性说明。②审核。节能排放配额交易必

---

① 曾凡银：《节能减排的市场机制研究》，《理论前沿》2008年第7期。

② 宋丽平：《论排污权交易制度的法律建构》，http://www.riel.whu.edu.cn/article.asp? id=24982。

须经排放权交易所审核后方可进行。节能部门在对交易双方了解的前提下进行审核，审核包括对交易双方的审核和交易本身的审核。③协商。交易双方就交易价格、交易数量、交易时间等具体内容进行协商并签订合同。④批准。交易双方就交易达成的初步协议报排放权交易所审查。若符合要求，即批准交易协议。由市场交易所来监督排放配额的正常交易、交易费用的合理分配以及交易的节能效应。

资源环境排放类交易所作为第三方交易机构应运而生，通过借鉴国际先行排放权交易市场机制的运作模式，总结我国现阶段排放权交易试点的经验，降低排放权交易成本，完成我国经济发展从高碳向低碳转轨的转变，提高全社会对排放权资源价值的认识，对我国排放权交易制度的建立完善和节能管理市场机制的作用发挥都具有重大的意义。我国的北京环境交易所、天津排放权交易所、上海环境能源交易所等排放权、环境产权交易所的相继成立都着眼于市场的广阔前景。

节能减排通过排放权交易市场机制的建设来实现从依赖行政手段向依靠市场机制的转变。随着排放权交易机制在全球的逐步兴起和繁荣，当前正是大力培育发展我国排放权交易市场机制的良好时机。毋庸讳言，我国的排放权交易市场机制刚刚起步，在发展过程中还面临着诸多主体和配套服务的问题，如交易品种范围受限、国内交易规模尚小、排放测量和监督系统尚不完善等。同时，排放权交易机制将在当前及今后很长一段时间内给一些地区和企业的发展带来一定挑战，但长远而言，排放权交易机制也将给我国带来新的发展机遇。当前应该帮助排放权交易市场机制破解在发展过程中面临的来自社会认知、法律体系和行政管理体制等方面的问题，提高我国在全球排放权交易市场中的话语权和地位。

第三章　中国节能的政策体系建设

第一节　节能政策的综合解析

一　节能管理的政策类型

公共政策是政府以社会管理者的身份从公共利益出发对公共事件制定的一系列行为标准的集合。节能政策体系主要分为强制性制度、经济激励制度、行政指导制度等。

其中，强制性制度是指主要以国家的命令与制裁作为政府介入的主要方式，以相对人的无条件服从作为政府干预目标实现的基本前提，通过对社会个体利益的限制，强行确认各法律关系主体的行为方式和利益格局，是一种以行政权力为主导，以公共利益为基本价值取向的法律调整与控制模式①。例如，对环境污染的问题来说，政府可以

① 邓海峰：《片面依赖行政强制机制弊端明显》，《监察日报》2004 年 9 月 14 日。

针对不同类型行业及不同规模企业确定一个可以接受的污染水平，对排放污染水平超过规定标准的企业实施严厉的制裁。那么政府这种强制性排污标准制度将对那些污染超标的企业产生极大的驱动作用。

经济激励制度是指利用税收、信贷、投资、微观刺激和宏观经济调节等经济工具，调整或促进节能的一类措施，这类措施具有明显的利益刺激因素，具有显著的费用有效性和受控对象的灵活性，因而在世界各国受到了越来越多的重视。经济激励制度主要包括税收政策、低息（贴息）贷款政策、补贴政策、政府采购政策、押金返还政策等①。

行政指导制度是由行政机关、行政主体等依据法律法规或法律原则对行政相对人做出的引导、建议，以实现一定行政目的的制度。行政主体在职权或其所管辖的事务范围内，为适应复杂多变的经济和社会生活需求，基于国家的法律法规或法律原则，适时灵活地采取非强制手段，在行政相对方同意或协助下，实现一定行政目的的行为②。节能政策体系中的行政指导制度主要有鼓励节能中介服务组织发展、指导专业化管理队伍建设、加强产业节能技术研发推广、建立技术推广体系、指导和帮助能耗企业加强能源利用管理等。

---

① 王文革：《中国节能法律制度研究》，法律出版社，2008，第77页。
② 罗豪才：《行政法学》（修订本），中国政法大学出版社，1999，第307页。

二　发达国家的节能政策经验

20世纪70年代石油危机爆发以后，世界发达国家都相继开始积极地推行节能政策。近年来，以实现可持续发展和保护环境为目的的节能和提高能源效率更是发达国家政府高度关注和付诸行动的重要领域。为此，不少国家政府采取了一系列促进节能、减缓温室气体排放的措施，其中非常重要的是采取了多种节能经济激励政策，以通过市场经济杠杆手段，影响能源消费者的行为，从而达到节能的目的。目前发达国家的节能政策体系主要由法律制度、财税政策、政府采购等政策工具构成（见图3-1）。发达国家通过国家政府机构颁布强制性的法律法规，制定全国性的节能规划、要求和目标，通过财政税收等经济刺激政策来鼓励和倡导全社会节约能源。为了有效地践行节能管理的相关法律法规，并实现节能规划提出的相应目标，联邦政府先后出台了各种配套制度，使得节能目标和要求具有针对性和明确性，节能管理的相关法律法规、规划目标都能够得到具体的贯彻和实施。

基于目前我国节能政策、措施的现状，强化节能政策必须依靠整体节能管理政策体系的构建，否则将不能适应市场经济发展的需要，降低政策实施效果。以下就国外几种具有代表性的节能政策制度进行回顾，探求对我国制定节能政策的启示和借鉴意义。

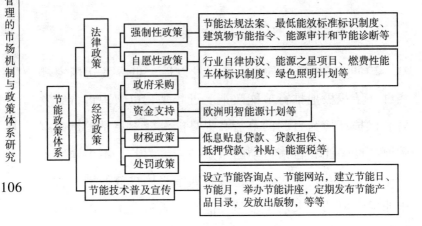

图 3 – 1 节能政策体系架构

资料来源：郭琪：《公众节能行为的经济分析及政策引导研究》，经济科学出版社，2008，第 92 ~ 118 页。

（一）"专门"的节能管理、服务机构

欧洲各国、美国、日本等市场经济发达国家的节能管理经验表明，节能管理必须由政府部门来牵头推动，通过设立"专门"负责节能工作的服务管理机构，在节能领域不断强化政府职能，采用多种政策工具和调控手段干预节能市场。同时，欧美发达国家也不断强化节能中介机构的作用。目前大部分发达国家都有比较完善的节能管理体系，一方面，在国家（联邦）政府设有专门制定能源规划、政策的部门，同时地方也设有专门机构贯彻执行国家（联邦）主管部门的节能政策；另一方面，发达国家通过建立良好的政策环

境和激励措施，充分发挥节能中介机构在政府和市场间的联系作用。

美国节能政策稳步推进的最关键因素就在于其自身节能服务管理机构系统的完善。美国的节能管理机构分为联邦政府和州政府两级。其中美国能源部是国家最重要的能源管理部门，负责能源政策的制定、执行。美国能源部下设专门的"国家节能办公室"，现改为能源效率和可再生能源办公室，环保署和联邦能源管理机构是节能管理的辅助部门，而州政府节能管理机构则负责全国性节能政策在各州的施行（见图 3－2）。

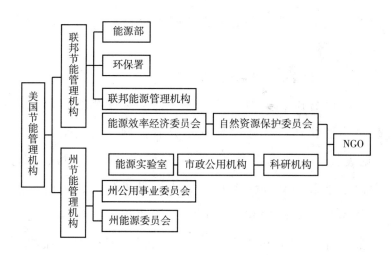

图 3－2　美国节能服务管理机构

资料来源：原国家经贸委资源节约与综合利用司赴美节能培训班：《美国的节能政策和管理模式及对我国的启示》（上），《节能与环保》2003 年第 8 期。

欧盟节能工作顺利开展、政策有效推行的关键在于欧盟各成员国均设有独立的能源管理机构。日本的节能管理工作在 2001 年机构改革前由通产省、建设省、运输省共同负责；2001 年小泉政府机构改革后，节能管理机构由经济产业省资源能源厅负责，经济产业省将原来资源能源厅煤炭部的节能科升格为节能新能源部，以此加强对节能工作的管理。同时，各国特别注重非政府机构（NGO）的建设。如日本的节能中心、大型建筑物能源综合管理技术协会，美国的国家自然资源保护委员会，英国的能源实验室、科研机构。各国政府主要通过研发资助、技术支持等措施对非政府机构进行支持，促进节能的发展。

（二）完善的法律制度框架

欧洲各国、美国、日本等发达国家在节能方面立法较早，法律体系比较完善，不仅有强制性的法案、指令（见表 3 - 1），欧盟各成员国均有《节省能源法案》。而由于能源消耗和污染物排放均居世界之最，因此美国在节能领域立法较多，且相关法律法规对能耗和污染标准都有非常详细和严格的规定，惩罚力度很大。强调针对性和明确性，对于各类耗能产品的能效标准十分严格，并且针对每一项目都有明确的节能目标和具体的节能要求。

表 3 - 1　部分国家促进节能的法律制度一览

国家	法律制度和框架
美国	1975 年颁布实施了《能源政策和节约法》(核心是能源安全、节能及提高能效);1976 年制定了《资源节约与恢复法》《固体废弃物处置法》;1978 年制定了《能源部组织机构法案》《国家节能政策法规》;1982 年制定了《机动车辆信息与成本节约法》(针对机动车辆的能效问题);1987 年颁布了《国家电器产品节能法》;1988 年颁布了《联邦能源管理促进法规》;1992 年制定了《国家能源政策法》(能源供应和使用的综合性法律文本);1998 年公布了《国家能源综合战略》(要求提高能源系统效率,更有效地利用能源资源);2003 年公布了《新能源政策法规》;2005 年布什总统签署了《新能源法案》。从立法上提出了促进消费者节能、使用清洁能源的可行措施,并提高了家用电器的能效标准和交通工具的消耗技术标准
日本	1979 年颁布实施了《节约能源法》,作为全社会节能行为的法律规范。后来又经历了八次修订,最近一次是在 2006 年。该法对能源消耗标准做了严格的规定。1991~2001 年,日本还先后制定了《关于促进利用再生资源的法律》《合理用能及再生资源利用法》《废弃物处理法》《化学物质排出管理促进法》等法律法规。1998 年制定了《2010 年能源供应和需求的长期展望》,强调通过采用稳定的节能措施来控制能源需求。2004 年颁布了《关于节能使用合理化的法律》。日本通过强有力的法律手段,全面推动了各项节能减排措施的实施
德国	德国是欧盟国家中节能法律制度框架最完善的国家之一。1972 年制定了《废弃物处理法》;1986 年修改为《废弃物限制及废弃物处理法》;1996 年公布了《循环经济与废弃物管理法》;2002 年颁布了《节省能源法案》,把减少化石能源和废物处理提高到节能管理的高度并建立了配套节能管理的法律制度体系

注:由于篇幅有限,表中主要挑选了各国有代表性的法律法规。

（三）能效标准标识制度

美国、日本及欧盟地区已经广泛地实施了能效标准标识制度（见表 3 - 2）。美国实行的是强制性的能效标准和自愿性的能效标识；欧盟的能效标准标识制度是其最成功的能效政策。欧盟最初在家用电器领域实行最低能效标准

表 3 - 2　部分国家（地区）能效标准标识制度一览

能效标准标识制度	美国	能效标准由能源部负责制定和实施,每 3 年进行调整,美国政府每年年均花费 1000 万美元用于家用电器能效标准的制定和修订。从 1980 年开始实施强制性能效标准制度,最早对家用电冰箱、房间空气调节器、洗衣机、荧光灯、水龙头等 14 种产品实行强制性能效标准;1992 年开始实施自愿性节能认证("能源之星")。能效标识是对符合最低能效标准的产品的再分类。美国采购法以及几个总统令都规定政府必须采购"能源之星"认证产品。"能源之星"间接地成为政府强制性行为,是国外产品进入美国市场的壁垒
	欧盟	欧盟能效标准标识制度由一系列欧盟指令组成(例如,92/75/EEC 指令,欧盟统一能效标识法规;95/12/EC 指令,洗衣机能效标准)。欧盟规定只有符合能效标准的产品方可销售,且必须以标签形式明确标明产品的耗能参数和耗能级别。欧盟各国的能效标识政策有所不同,欧盟大多数成员国采用的是制造商自我监督机制,同时有明确且严格的监督检查机制和惩罚政策
	日本	实施"领先产品"能效基准制度,即对汽车和电器产品(包括家用电器、办公自动化设备等)制定不低于市场上最优秀商品水平的能效标准,并明确实施的目标年度。1999 年开始对汽车、商用和家用电器设备等实行强制性能效标准标识制度,以利于消费者对产品能效进行比较

和能效标识制度，随后逐步扩大到建筑物、电热联产等领域。欧盟的能效标识制度最初采用"自我表明"的形式，目前采用的是"监督检查机制＋处罚政策"模式。日本实施的是"领先产品"能效基准制度（一旦制定能效标准，在特定日期前所有新产品必须达到同类产品中能效最优水平），配合该制度日本还在各种电器和设备上采用强制性的能效标识制度。

一方面，通过将最低能效标准作为新产品市场准入的最低门槛，可以强制、有效地淘汰高耗能产品；另一方面，通过能效标准标识制度对进入市场的产品再次细分，鼓励厂商生产更高能效的产品，同时引导用户购买节能产品，可以进一步提高社会产品的整体能效水平。能效标准标识制度达到了限制低效产品进入市场、促进高效产品占领市场的目的，而且为节能管理政策的制定提供了定量衡量指标。

（四）节能的财税激励政策

节能的财税激励政策由于直接面向能源的消耗者和消费者，因而其政策效应相比其他政策工具更具灵活性和有效性。因此，发达国家都积极采用多种多样的财税政策促进节能事业的发展（见表 3 - 3）。

目前采取财税激励政策推动节能的方式主要分为两类：第一类是将财政资金直接用来鼓励高效节能产品（建筑）的生产和消费，其形式通常为低息贷款、现金补贴等；第二类是将财政资金用来入股或者全资成立节能基

表 3 – 3　部分国家促进节能的财税政策一览

国家	税收政策	财政政策
美国	消费者购买家用太阳能设施开支的 30% 可以抵税;购买汽油—电力混合动力汽车的消费者、住宅中使用节能玻璃和节能电器的居民减免税收;住宅内更新室内温度调控设备、节能窗户、节能改造等,给予全部开支的 10% 减免税收优惠;为商业建筑、新建住宅、住宅改造、建筑用能设备和产品及热电联产系统提供减免税支持。美国对新建建筑和各种节能型设备根据所判定的能效指标不同,减税额度分别为 10% 或 20%。在 IECC 标准基础上节能 30% 以上和 50% 以上的新建建筑,可以分别减免税 1000 美元和 2000 美元	向消费者提供现金补贴推广带有"能源之星"认证的节能产品;规定了政府采购绿色产品清单,包括采购再生产品计划、"能源之星"计划等;贷款机构采取诸如返还现金、低息贷款等措施激励用户购买经"能源之星"认证的住宅,并向购买住宅的用户提供抵押贷款服务
英国	征收燃料税、石油开采税、石油收益税、气候变化税(电力、煤炭、天然气、液化石油气)、车辆税;签订自愿协议且实现目标的企业可以减免 20% 的能源税;对太阳能、风能等新能源发电实施税收减免政策;强化资金津贴计划,允许企业在购买符合要求技术的第一年财务上可以从当年的缴税利润中减扣相当于节能技术投资的部分	强化资金津贴计划,允许企业在购买符合要求技术的第一年申请 100% 资金补贴的权利;为购买清洁燃料车辆的消费者和对现有车辆进行改造以降低排放的消费者提供赠款和补贴,补贴采取定额补贴方式,按照车辆的重量类别、所选减排装置分类,但最高补贴不超过发票价格的 75%;对节能设备投资和技术开发项目给予贴息贷款或免(低)息贷款;设立碳基金(主要用于工业和交通方面的节能)和节能基金(主要用于建筑方面的节能);实施房东能源节约补贴方案(LESA)

国家	税收政策	财政政策
德国	对汽车燃料、燃烧用油、天然气和电征收能源税、汽车税、二氧化碳税、二氧化硫税;对于节能效果明显的节能产品免征消费税;社区的小型热电厂可以免除石油税,有时还可以免除电税,对节能照明灯实行减免税	对可再生能源的开发与研究提供优惠贷款、津贴以及较高标准的固定补贴;对低收入家庭支持节能改造,在 8 年内每年都可以得到 255.65 欧元的补贴
法国	对除汽车燃料外的其他能源产品征收能源税、机动车燃油生态税、新环境污染税;动力油、天然气等燃料产品的增值税不能抵扣;清洁汽车免税政策;对高污染的大型车辆征收双倍的行车执照费;对家庭保温和供暖设备以及高效锅炉的安装减免所得税;工业领域能源效率技术投资第一年实施加速折旧制度,并少征营业税;对节能进行投资的公司在节能设备使用和租赁中的赢利免税	对低收入家庭已经使用了 20 年以上的住宅和 15 年以上的租赁设备的节能改造提供补贴;对第一次使用的重大节能技术、工艺示范项目,财政给予 20%～30% 的项目经费资助
荷兰	对汽油、柴油、重油、天然气等主要燃料征收燃料税、能源调节税、二氧化碳税、二氧化硫税;自 1998 年起加倍征收能源税,新增税收的 85% 用于降低居民家庭和生产商的所得税,剩余的 15% 用来支持政府采取财政手段促进能效的提高	每年节能设备投资的 55% 可以从当年度财政利润中税前扣除;对既有建筑节能改造赠款;可持续能源建筑临时补贴预算中的 70% 用于节能;工业节能设备的信贷投资给予资金支持;财政拨款奖励购买能效商品的消费者

注:由于篇幅有限,表中主要挑选了各国有代表性的财税政策,其中部分政策系笔者自己整理。资料来源:郭琪:《公众节能行为的经济分析及政策引导研究》,经济科学出版社,2008,第 99～100 页。

金（节能基金有两种形式：节能公益基金和节能信贷基金。节能公益基金主要用于支持相关节能中介机构开展节能政策、法规、标准的研究和节能活动；节能信贷基金是节能项目通过高油价限制对石油的过度消费）。

目前采用的税收政策也有两类。第一类是对节能产品和节能改造项目实行"减免税"政策（节能设备加速折旧是通过减免税鼓励节能产品的另外一种表现形式）。减免税政策由于不需要额外的资金来源，是国外非常普遍的节能激励措施。美国 2005 年颁布的《新能源法案》就规定美国联邦政府向全美能源企业提供 146 亿美元的减税额度，以鼓励石油、天然气、煤气和电力企业等采取节能措施。第二类是通过对能耗项目加大"能源税""资源税"等税收项目来遏制高能耗产品的耗能。例如，通过对汽车征收燃油税调节石油价格，刺激了节能技术的创新和扩散，并对车型和发展公共交通模式等产生了影响①。

第二节　我国节能政策的演变及特征分析

一　我国节能政策体系的变迁

随着能源供给的紧缺程度加大和能源消费结构的转

---

① 郁聪、康艳兵：《国内外节能政策的回顾及强化我国节能政策的建议》，《中国能源》2003 年第 10 期。

变，我国节能政策体系经历了从无到有、从小到大的发展历程。自 1980 年以来，我国通过运用行政、经济、法律等手段建立节能管理政策体系，加强了节能管理工作的宏观调控。国家层面制定的节能法律法规和标准，以及各级地方政府、各部门贯彻执行国家节能的法律法规配套出台的实施方案、实施办法等行政规章，使节能政策体系更加丰满和更具有操作性。编制能源节能规划、制定节能法律法规和政策、开展节能产品技术研究、推广节能技术和节能产品等措施有力地促进了节能工作的顺利开展。"我国自 20 世纪 80 年代起至今建立的节能机制和节能管理系统，缓解了相当长一段时期国内能源需求和供应的压力，对推动节能、促进经济的发展起到了重要作用。"[1]

（一）1979 年前节能政策缺失

从新中国成立之后一直到 1979 年，我国没有明确地提出节能的概念。这一阶段内我国采取的是"补贴消费者"的能源低价战略，这种政策是我国改革开放前计划经济体制的产物。能源供给价格偏低，无法对能源供给形成刺激作用，导致能源生产企业处于微利甚至亏损的状态。与此同时，能源低价政策无法抑制能源消费，能源消费的急剧扩张导致了能源供给的进一步紧缺。这一阶段内

---

[1]　刘静茹、郁聪、刘志平：《我国节能事业稳步推进成绩显著——改革开放 30 年回顾》，《中国能源》2009 年第 2 期。

受能源因素、社会经济因素以及计划经济体制的多重影响，能源政策主要是通过运用政府强制性的法律法规和政府管制来控制能源消费的快速增长。这一时期的节能政策宗旨为"统一分配、凭证定量、控制使用"①。这一阶段内实行的能源消费管制政策是我国能源供给紧缺现象下的无奈之举，是放弃市场价格调节机制的客观结果，对居民生活及企业生产都造成了极大的不便。

（二）20 世纪 80 年代开始提出节能概念

20 世纪 80 年代初期，我国开始提出节能的社会发展目标，确定了"开发与节约并重，近期把节约放在优先地位"的节能方针，明确了节能管理在能源消费中的战略地位。原国家经委和计委先后在 1980 年、1985 年组织编制了《"六五"节能规划》和《"七五"节能规划》以及各年度节能计划，并开始将节能管理工作纳入国民经济和社会发展计划中。为合理利用能源、降低能耗，国务院 1986 年颁布了《节约能源管理暂行条例》。该条例是我国节能管理中具有里程碑意义的制度建设，为我国节能管理工作的顺利开展做出了巨大的贡献。

为了同时加强节能管理工作，国务院在 1985 年建立了节能管理办公会议制度，研究审查关于节能的各项法律

---

① 郭琪：《公众节能行为的经济分析及政策引导研究》，经济科学出版社，2008，第 135 页。

法规、方针政策及改革措施，协调部署节能管理工作。同时，为了配合节能工作的组织实施，各省、市、区和国务院其他有关部门，也建立了与之对应的节能管理机构和节能管理工作会议制度，建立了从中央到地方由宏观调控部门负责、行业部门分工负责的三级节能管理体制，各省、市、区以及各部门也都相继成立了 200 多个节能技术服务中心。重点耗能企业①也确定了节能责任人，成立了相应的节能管理机构和各级节能责任制，负责贯彻执行国家有关节能的法律法规、方针政策以及地方政府和相关部门发布的有关节能的规章制度，制定并组织实施本企业的节能技改措施，完善节能科学管理②。

　　20 世纪 80 年代初期，政府还通过财税政策为企业提供一系列的税收优惠与补贴，以此激励企业转变使用能源的行为和加强对节能进行投资。1979 年和 1986 年分别颁布实施了《国营工业、交通企业试行特定燃料、原材料节约奖励办法（草案）》和《国营工业、交通企业原材料、燃料节约奖试行办法》，1987 年还实施了企业节能管理升级办法，奖励节能先进企业，取得了不错的效果。但是仅仅通过财税优惠政策不足以刺激企业节能，因为企业实施节能能够得到一些优惠和补贴，但是不节能也不会有

---

① 这里的重点耗能企业指的是年耗能在 1 万吨标准煤以上的企业。

② 刘静茹、郁聪、刘志平：《我国节能事业稳步推进成绩显著——改革开放 30 年回顾》，《中国能源》2009 年第 2 期。

任何惩罚和损失。该阶段内的节能政策使得企业缺乏内部驱动力，加之政策初期的不完善性和严重的政策信息不对称，相关优惠和补贴的力度也产生了一些消极的影响。

20 世纪 80 年代后期，我国开始逐步建立社会主义市场经济体制，同时节能政策开始改革计划经济体制下配额供给、"拉闸限电"等能源消费管制政策，并将国际上的结构节能、技术节能等思想和政策措施逐步引入我国的节能实践中。

（三） 20 世纪 90 年代节能政策体系的综合建设

20 世纪 90 年代，我国能源供给紧缺的情况有所缓解，节能政策开始逐步转变，节能管理的综合政策体系开始逐步建成。除了原国家经委和计委编制的《"八五"节能规划》和《"九五"节能规划》外，1991 年原国家计委编制的《关于进一步加强节约能源工作的若干意见》加强了当时我国的节能管理工作，强化了全社会各个行业的节能意识，推进了节能技术的进步。1996 年通过的《关于国民经济和社会发展"九五"计划和 2010 年远景目标纲要》中提出能源工业应当"坚持节约与开发并举，把节约放在首位；大力调整能源生产和消费结构；推广先进技术，提高能源生产效率；坚持能源开发与环境治理同步进行，继续理顺能源产品价格"① 的能源发展方针，第一次明

---

① 《国民经济和社会发展"九五"计划和 2010 年远景目标纲要》，http://www.npc.gov.cn/wxzl/gongbao/2001 – 01/02/content_ 5003506. htm。

确、系统地将节能管理上升到我国能源发展的战略地位。

（四）21 世纪节能政策体系的全面完善

经过 20 世纪 80 年代、90 年代节能政策体系的从无到有、从小到大的发展历程之后，我国节能管理政策体系在 21 世纪进入了全面完善的时期。21 世纪初，我国又密集地出台、修订了诸多重要的法律法规。2000 年国家经贸委编制了《"十五"节能规划》。2001 年建设部组织制定颁布了《夏热冬冷地区居住建筑节能设计标准》（JGJ134－2001），标志着我国建筑节能工作向中部地区推进。2002 年国务院常务会议通过了《排污费征收使用管理条例》，排污权交易开始引起业内人士的广泛关注。2004 年，为推动全社会开展节能降耗，缓解能源瓶颈制约，建设节能型社会，国务院常务会议原则通过了《能源中长期发展规划纲要（2004～2020 年)》（草案），这是新中国成立以来第一个能源中长期发展规划纲要。该纲要提出要"坚持把节约能源放在首位，实行全面、严格的节约能源制度和措施，显著提高能源利用效率"。之后，国家发改委又发布了《节能中长期专项规划》，提出"把节能作为能源发展战略和实施可持续发展战略的重要组成部分，长期坚持和实施节能优先的方针，推动全社会节能"，这是改革开放以来我国发布的第一个节能中长期专项规划，成为我国中长期节能工作的指导性文件和节能项目建设的重要依据。2006 年初，建设部修订了《民用建筑节能管理规定》。

2006 年 8 月国务院出台的《关于加强节能工作的决定》（以下简称《决定》）。《决定》明确了"十一五"节能标准：万元 GDP 能耗降到 0.98 吨标准煤（以 2005 年价格水平为准），比"十五"期末降低 20% 左右，平均年节能率为 4.4%。同时，《决定》强调建立节能目标责任制、评价考核体系和固定资产投资项目节能评估、审查制度。2007 年，国家发改委发布了《"十一五"资源综合利用指导意见》。2007 年 4 月，国家发改委发布《能源发展"十一五"规划》，该规划是我国能源发展的规划蓝图、行动纲领，阐明了国家能源战略中节能环保管理工作的重点。2007 年 5 月，国务院印发了《节能减排综合性工作方案》（以下简称《方案》）。《方案》明确了"十一五"期间节能减排的总体要求、任务目标及淘汰落后产能的年度任务指标，建立了节能减排管理领导协调机制，以及政府为主导、企业为主体、全社会共同推进的节能管理工作层次。

修订后的《中华人民共和国节约能源法》［以下简称《节能法》（修订）］于 2007 年 10 月通过并于 2008 年 4 月开始施行。《节能法》（修订）将节能提升为我国的基本国策，明确了各级政府、各个部门在节能方面的义务，强化了对重点耗能单位的监管，增加了节能的推动政策。同时，《节能法》（修订）以法律的形式规定了诸如"节能目标责任制""节能考核评价制度""节能工作人大报告机制""固定资产投资项目节能评估、审查制度"等一系列节能管理的基本制度，并且设立了 19 项违反《节能法》（修订）行为的法律责任，加大了对各种节能违法行为的处罚范围和力度。随着《节能法》（修订）的通过，国家相关部门出台了配套《节能法》（修订）的《节能减排统计监测及考核实施方案和办法》，其中包括"单位 GDP 能耗的统计指标体系、监测体系、考核体系的'三个实施方案'"和"主要污染物总量减排的统计、监测、考核的'三个办法'"。"三个实施方案"和"三个办法"大大提高了节能管理工作的可实施性。此后，国务院和国家相关部门还陆续出台了《可再生资源法》《循环经济促进法》等法律法规和《关于调整节能产品政府采购清单的通知》《公共机构节能条例》《民用建筑节能条例》等行政法规以及《节能减排综合性方案》等规范性文件，节能领域的法制建设和政策发展，全面完善了我国节能管理的政策体系。

二　节能政策工具的历史变迁

（一）国家能源管理机构改革

我国能源管理机构历史上变革频繁，共进行了 17 次变动，其中 11 次发生在计划经济时代，3 次发生在节能政策的构建过程中，3 次发生在 21 世纪。各个时期能源管理机构的基调和改革方向存在着很大的差异（见表 3-4）。例如，我国在 1988 年成立了统一协调的能源部，但是该机构仅生存 4 年便被撤销。当时的能源机构改革倾向于分能源品种的分散管理，能源管理体制呈现政出多门的现象。在这样的情形下，需要多能源协调机制的节能管理便面临着尴尬的局面。进入 21 世纪，我国能源管理机构的调整主要为整体架构上的调整，部门的拆并相对较少。这也说明我国的能源管理、节能管理体系机制建设方面已经逐步成熟和完善。

表 3 - 4   中国能源管理机构的历次变革

年份	能源管理机构的改革内容
1949 ~ 1955	组建了燃料工业部,下设煤炭管理总局、石油管理总局和电力管理总局,对全国的煤炭、石油和电力工业实行统一管理
1955 ~ 1988	3 ~ 4 次分合变动
1988	将煤炭工业部、石油工业部、水利电力部、核工业部合并成为能源部
1993	撤销能源部,组建煤炭工业部、电力工业部
1998	撤销了煤炭工业部和电力工业部,将煤炭工业部的管理工作移交国家经贸委,国家经贸委成立了国家煤炭工业局,组建了国家石油化学工业局,同时将国有石油、天然气企业进行重组,组建了中国石油天然气集团公司、中国石油化工集团公司和中国海洋石油集团公司
2003	国家发改委能源局和国家石油储备办公室负责国家能源规划及能源行业的综合管理和协调工作;国家计委负责能源建设项目的审批、能源产业综合平衡、能源政策的制定;国家经贸委负责能源技术改造及煤炭、电力、石油等行业的归口管理;科技部负责能源科技管理;水利部负责水利系统水电站的归口管理;农业部负责农业能源和可再生能源的管理

续表

年份	能源管理机构的改革内容
2005	成立隶属于国务院能源协调领导小组的国家能源领导小组办公室,负责制定着眼于全局的国家能源发展战略规划;研究能源开发与节约、能源安全与应急、能源对外合作等重大政策
2008	为加强能源战略的统筹协调和决策机制建设,国务院成立国家能源委员会和国家能源局。国家能源委员会负责研究制定国家能源发展战略,审议能源安全和能源发展中的重大问题,统筹协调国内能源开发和能源国际合作的重大事项。国家能源委员会办公室具体工作由国家发改委管理的国家能源局承担

资料来源：部分资料参考刘伟《国外能源管理机制对我国能源管理的启示》,《国土资源报》2005 年第 11 期;部分资料系笔者整理。

（二）节能法律体系构建和完善

"截至 1996 年底, 我国共颁布了 24 项节能法规和条例, 27 项节能设计规范, 近 100 项有关节能的国家标准。"[1] 虽然在一定程度上这些法规、条例和规范限制了能源高耗和浪费, 但是相关节能立法的缺失, 导致各级政府和部门在节能管理工作的定位模糊, 全社会在节能范畴内规范和调整自身行为时权利与义务关系不清晰, 所以在当时经济社会条件下实现 "依法节能" 有着相当重要的现实意义。

1997 年 11 月 1 日全国人大常委会通过了《中华人民

---

[1]　郭琪:《公众节能行为的经济分析及政策引导研究》,经济科学出版社,2008, 第 138 页。

共和国节约能源法》（以下简称《节能法》），并于 1998 年
1 月 1 日正式施行。这之后，《节能法》又于 2007 年经历
了修订过程，并于 2008 年 4 月 1 日正式施行。《节能法》
是我国节能管理领域内第一部基础性、综合性的法律规范，
以法律的形式确定了节能的基本原则、制度约束和行为规
范。《节能法》的出台，意味着节能成为我国的一项基本国
策，更标志着我国节能管理的法制化建设迈上了一个新的
台阶。在《节能法》的基础上，各省、市、区都制定了
《节能法》的相关实施办法、相关配套实施方案或者节约能
源条例（见表 3 - 5）。国务院相关部门也陆续出台了《重

表 3 - 5 我国各省、市、区实施节能法律时间一览

地区	实施年份	地区	实施年份	地区	实施年份
北　京	1999 年 12 月	新　疆	2003 年 12 月	宁　夏	2001 年 10 月
天　津	2001 年 10 月	浙　江	1999 年 3 月	重　庆	2007 年 11 月
河　北	2006 年 7 月	安　徽	2006 年 7 月	四　川	2001 年 1 月
山　西	2000 年 7 月	江　西	2002 年 12 月	贵　州	2004 年 1 月
内蒙古	2002 年 3 月	山　东	1997 年 9 月	云　南	2000 年 5 月
辽　宁	2006 年 3 月	河　南	2006 年 6 月	陕　西	2006 年 12 月
吉　林	2003 年 11 月	湖　北	2001 年 1 月	甘　肃	2000 年 1 月
黑龙江	2009 年 2 月	上　海	1998 年 10 月	江　苏	2000 年 9 月
湖　南	2001 年 7 月	广　东	2003 年 10 月	广　西	—
青　海	2002 年 5 月	福　建	—	海　南	—

资料来源：部分数据参考郭琪《公众节能行为的经济分析及政策引
导研究》，经济科学出版社，2008，第 139 页；部分数据系笔者整理。

点用能单位节能管理办法》《节约用电管理办法》《民用建筑节能管理规定》《中国节能产品认证管理办法》《公共机构节能条例》《民用建筑节能条例》等配套行政法规,这些配套的法规从法律上规范了中国节能管理工作,对于促进能源节约有巨大的作用效果。当前我国节能管理的法制建设不断完善,节能的法律责任也因此得以明确。

（三）强制能效标准制度

中国能效标准从 20 世纪 80 年代开始起步,1989 年12 月 25 日发布了我国第一批共 9 项家用电器能效标准（见表 3 - 6）,1990 年 12 月 1 日强制实施。

表 3 - 6　1989 年我国第一批家用电器能效标准

标准号	标准内容
GB12021. 1 - 1989	家用及类似用途电器电耗（效率）限定值及测试方法编制通则
GB12021. 2 - 1989	家用电冰箱电耗限定值及测试方法
GB12021. 3 - 1989	房间空气调节器能效限定值及测试方法
GB12021. 4 - 1989	家用电动洗衣机电耗限定值及测试方法
GB12021. 5 - 1989	电熨斗电耗限定值及测试方法
GB12021. 6 - 1989	自动电饭锅效率、保温电耗限定值及测试方法
GB12021. 7 - 1989	彩色及黑白电视、广播接收机电耗限定值及测试方法
GB12021. 8 - 1989	收录机效率限定值及测试方法
GB12021. 9 - 1989	电风扇电耗限定值及测试方法

资料来源：周艳华：《我国家用电器能效标准的发展和作用》,《中国标准化》2004 年第 5 期。

20 世纪 90 年代特别是进入 21 世纪以来，我国能效标准的发展也取得了稳定的进步。能效标准涉及的产品范畴开始由家用电器逐步扩大到照明电器、商用产品以及工业耗能设备（见表 3 - 7）。

表 3 - 7　我国颁布实施的能效标准

标准号	标准内容
GB17896 - 1999	管形荧光灯镇流器能效限定值及节能评价值
GB18613 - 2002	中小型三相异步电动机能效限定值及节能评价值
GB19043 - 2003	普通照明用双端荧光灯能效限定值及能效等级
GB19044 - 2003	普通照明用自镇流荧光灯能效限定值及能效等级
GB19153 - 2003	容积式空气压缩机能效限定值及节能评价值
GB19415 - 2003	单端荧光灯能效限定值及节能评价值

注：颁布实施的能效标准截至 2004 年。

资料来源：中国标准化研究院、全国能源基础与管理标准化技术委员会：《中国能效标准的发展与展望》，2004 年 8 月，http：//www.mac.doc.gov/china/Breakout%20B%20-%20Li.pdf。

由于 1989 年制定的能效标准较低，1989 年颁布的能效标准是能效限定值和电耗限定值，进入 21 世纪，我国又对早期的能源标准进行了修订。1995 年将能效标准增加了节能评价值，2000 年开始能效标准又扩充了能源效率等级、超前能效指标。我国还针对部分产品组织研究相关超前的能效指标和能效分等分级指标。我国目前总共发布了 19 项主要终端用能产品强制性国家能效标准。

　　同时，我国针对不满足能效标准的高耗能产业实施强制淘汰退出机制。2003 年 11 月我国就先后颁布了《关于制止钢铁行业盲目投资的若干意见》《关于制止电解铝行业违规建设盲目投资的若干意见》《关于防止水泥行业盲目投资加快结构调整的若干意见》。2004 年又先后颁布了《关于对电石和铁合金行业进行清理整顿若干意见的通知》和《关于清理规范焦炭行业的若干意见的紧急通知》。

　　2006 年国务院颁布了《关于加快推进产能过剩行业结构调整的通知》，强化铝工业、钢铁、水泥、焦化、铁合金、电石、汽车、煤炭、电力等工业结构调整的意见，淘汰这些产业的落后生产能力，再次强调要控制能源消耗大、环境污染高的高耗能工业的发展。2006 年国家发改委印发了《千家企业节能行动实施方案》，重点整理我国电力、钢铁、有色、石化、建材等 9 个占全国能源消费总量 1/3 以上的千家高耗能企业。2006 年发改委组织编制了《"十一五"十大重点节能工程实施意见》，提出重点实施燃煤锅炉（窑炉）改造、余热余压利用、节约和替代石油、电机系统节能、能量系统优化等十大重点节能工程。

　　但是目前我国的能效标准仍然滞后。我国能效标准中高效节能产品的评价指标普遍比国外低 3 ~ 10 个百分点，市场能效准入指标比国外低 1 ~ 2 个等级。

（四）节能认证、能源效率标识制度

在能效标准的基础上，依照《节能法》的有关要求，国家经贸委于1998年牵头组织建立起了节能产品认证制度。节能产品认证属于自发性的产品质量认证范畴。我国节能产品认证采用国际通行的"工厂生产条件检查—产品能效检验—认证后监督、检验"的认证模式。节能产品认证主要针对能效排在前20%左右的产品。目前我国已经开展节能认证的产品有家用电器、照明产品、工业耗能设备（机械、电力、节水等）、办公设备等。节能产品认证对推动我国耗能产品能效水平的提高发挥了巨大的作用。

2004年8月13日，国家发改委、国家质检总局发布了《能源效率标识管理办法》，标志着能源效率标识制度在我国的正式建立。能源效率标识是指表示用能产品能源效率等级等性能指标的一种信息标识，属于产品符合性标志的范畴。紧接着，国家又先后发布了《中华人民共和国实行能源效率标识的产品目录》《中国能源效率标识基本样式》《房间空气调节器能源效率标识实施规则》及《家用电冰箱能源效率标识实施规则》，进一步完善了我国能源效率标识制度。2005年3月1日，我国率先对家用电冰箱、房间空气调节器两类产品实施强制能源效率标识政策，即符合能效标准的电冰箱和空调必须加贴"能源效率标识"，方能投入市场

销售。

目前，我国能源效率标识的实施模式为"企业自我声明—备案—市场监管"。我国构建了以国家发展和改革委员会、国家质量监督检验检疫总局和国家认证认可监督管理委员会为主导的能效标识领导机制，负责能源效率标识制度的建立和组织实施；同时，地方各级人民政府节能管理部门、地方质量技术监督部门和各级出入境检验检疫机构，在各自的职责范围内对所辖区域内能源效率标识的使用实施监督检查。

我国的能源效率标识制度在近几年取得了突破性进展。截至 2011 年，我国共发布了 7 批实行能源效率标识管理的产品目录，涉及家用电器、办公用品、工业设备、照明设备、商用设备共五大领域的 23 类产品；共有近4500 家企业、超过 20 万个产品型号通过备案。同时，能源效率标识制度为促进我国节能管理做出了显著的贡献。据初步估算，能源效率标识制度实施 6 年累计节约 2300多亿度电，折合标准煤 8280 多万吨，相当于减排二氧化碳 2.15 亿吨、二氧化硫 92 万吨①。在能源效率标识制度的基础上，国家顺势推出了"节能产品惠民工程"等政策，旨在推广高效节能产品，提高产品能源效率水平。

---

① 数据来源于中国标准化研究院能效标识管理中心"能效标识制度'十一五'实施情况及 2010 年度能效标识市场专项调查结果通报会"。

国家节能政策与能源效率标准标识制度、节能产品认证等政策工具互相协调、配合，形成了显著的政策累加效应。

第三节　节能管理的财税政策分析

一　财税政策的理论基础

政府可以采取一系列的经济、法律以及必要的政策工具、行政手段对节能行业、企业进行支持和调控。而在政府节能管理的政策体系中，财税政策是管理和调控最灵活、最有效的政策工具。财税政策作为政府调控宏观经济的重要手段，影响着经济社会中的经济关系和生产结构，发挥着资源优化配置和调节收入分配、稳定经济发展的重要作用，在经济社会的综合协调发展中处于不可替代的重要地位。正确运用财税政策，可以充分体现政府的政策意图和战略导向，为节能减排提供强有力的保障。

首先，财税政策对于解决节约能源中的外部性现象是有力的政策工具。特别是庇古在《福利经济学原理》一书中提出用征税与补贴方式（"庇古税"）解决环境污染问题以来，财税政策的安排和设计在解决外部性方面的积极作用就越来越受到人们的重视。外部性理论是以税收调控实现节能减排的一个重要理论基础，从社会成本和税收的关系角度，揭示了以税收调控实现节能减排的重要性和有效性。所谓外部性，是指一个经济单位的活动所产生的对其他经济单位的有利或有害的影响。外部性的存在将导致边际社会收益曲线和边际个人收益曲线的偏离（或边际社会成本曲线和边际个人成本曲线的偏离），当存在外部性的时候，社会福利将受到损失。节能管理的税收政策应该关注外部性有害的影响，即负外部性问题。

对能耗产品征收能源税可以刺激个体部门减少能源浪费，提高能源使用效率，同时可以抑制社会对能耗产品的消费，起到节能的目的。图 3-3 中，若某企业使用某稀缺能源生产 M、N 两种高耗能产品，当未征收能源税之前，生产和消费领域平衡点是消费者的无差异曲线 U_1 与 M、N 的生产可能性曲线 P_1P_1 的切点，此时消费者的边际消费替代率等于生产的边际转化率，即 $MRS_{MN} = MRT_{MN}$，此时该企业在切点 A_1 实现利润最大化，产量分别为 OM_1 和 ON_1。当政府对该稀缺能源征收能源税时，由于征收的能源税使得企业生产成本增加，利润相应缩减，生产受到抑制，生产可能性曲线从 P_1P_1 移动至 P_2P_2，这时 P_2P_2 与消费者无差异曲线 U_2 相切于均衡点 A_2，企业在 A_2 处利润达到最大，从而使得最优生产量减少到 OM_2、ON_2，减少了整个社会的能耗产品生产和消费。

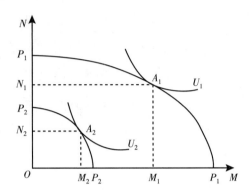

图 3-3 能源税对能耗产品生产、消费的抑制效应

二 节能财税政策的历史变迁

我国从 20 世纪 80 年代开始逐步使用财税政策宏观调控节能产业的发展。政府开始逐步加大节能资金的投入，制定实施节能优惠政策。例如，"1981 ~ 1985 年，全国共投入节能资金 112 亿元，其中国家拨款 30 亿元，其余为年利率 2.4% 的国家贷款（当时一般商业贷款年利率为 5%），当时形成的年节能能力达到了 2280 万吨标准煤。"[①] 1988 年国家科委出台了《关于申报国家级新产品试制鉴定计划及办理新产品减免税的通知》。该通知明确规定申报"国家级新产品试制鉴定计划"的项目产品必须满足"在技术、工艺、质量上具有国内领先水平或达到国际同等水

[①] 苏明、傅志华：《中国节能减排的财税政策研究》，中国财政经济出版社，2008，第 75 页。

平，或者在节能、省料、节约资源等方面独具特色，先进实用，有重大推广价值"。1991年国务院发布的《固定资产投资方向调节税暂行条例》对节能项目实行了"零税率"政策。

国家科委发布的《国家高新技术产业开发区高新技术企业认定条件和办法》中"能源科学和新能源、高效节能技术"属于高新技术产业开发区高新技术企业的认定条件之一。被认定为高新技术产业开发区的高新技术企业可享受"免征增值税、进口关税和进口环节产品税""免征出口关税（国家限制出口或者另有规定的产品除外)""投产两年内免征所得税""减按15%的税率征收所得税"等税收优惠条件。

从2001年起，我国开始陆续出台了一系列节能、环境保护方面的税收优惠政策，这些环保性的税收也因此被定义为"绿色税收"。如增值税方面，自2001年7月1日起，我国对各级政府由自来水厂（公司）随水费收取的污水处理费免征增值税，对燃煤电厂烟气脱硫生产的二水硫酸钙等副产品实行增值税减半征收政策。在税收优惠政策方面，按照国家节能、节水、节地、节材、资源综合利用和环保等产业政策，实行节能环保项目企业所得税优惠政策，对节能减排设备投资给予增值税进项税抵扣，对资源综合利用的产品增值税实行优惠，实行节能、节地、环保型建筑等建筑节能改造的税收优惠。

在财政、税务部门按照《节能法》（修订）的要求出台了企业节能投资和购买节能设备抵免企业所得税政策，公布了节能专用设备企业所得税优惠目录，共计 13 类产品。同时，国务院发布了《关于进一步加强节油节电工作的通知》，针对汽车、锅炉（窑炉）节油和空调、电机、照明节电提出了一系列税收鼓励政策，如进一步调整了企业消费税税率，大幅降低小排量汽车消费税税率，提高大排量乘用车消费税税率，扩大了不同排量汽车消费税税率差距；调高煤炭、原油、天然气等资源税税额标准，增加了用能成本，促进了能源的节约。

2007 年，财政部出台了《节能技术改造财政奖励奖金管理暂行办法》，采用"以奖代补"的方式对企业节能改造项目按节能量给予奖励；出台了《高效照明产品推广财政补贴资金管理暂行办法》，通过财政补贴方式推广使用节能照明灯。

三 节能财税政策的现状分析

财税政策是一个复杂综合的体系，包括税收减免、征收能源税、研发资助、贴息贷款、抵押贷款、加速折旧、现金补贴、政府采购、耗能收费，以及中介机构扶持等（见表 3 - 8）。这些政策措施从不同侧面对节约能源、促进能源使用效率的提高产生作用。

表 3 - 8　节能管理可实施的财税政策措施

政策措施	政策内容
税收减免	对节能产业实行低税,甚至给予一定范围和时期的免税,以鼓励和扶持节能产业的发展
征收能源税	对不同的能耗产业、能耗企业和耗能行为征收能源税,通过征税或差异税率来加大高耗能产业、企业的生产成本,促使企业改进耗能技术设备,提高能效,控制能源消费的快速增长,引导能源消费结构优化升级
研发资助	对节能技术的研发与推广使用给予一定的财政资金支持与税收优惠,政府分担部分研发推广方面的风险,孵化最新的节能技术
贴息贷款	通过政策性银行给予节能开发财政贴息的方式,促进节能的研发
抵押贷款	对购买和使用符合节能认证标准的设备时,购买者可向有关机构申请抵押贷款服务,鼓励节能设备的推广使用
加速折旧	扩大企业购置节能设备前期应缴税扣除额,以延期纳税的优惠方式,鼓励节能设备的推广应用
现金补贴	对购买使用节能产品和设备的用户直接给予财政补贴,降低节能产品价格,刺激用户购买节能产品
政府采购	政府直接采购节能产品,引导和示范节能产品的使用,促进节能技术的商业化和快速普及,为节能产品提供市场,扩大节能产品的生产规模和降低流通、营销成本,降低能效技术的成本
耗能收费	对耗能单位征收费用,提高其生产成本,促使外部成本内部化,促进耗能单位进行能效投资,改善社会能源消费结构
中介机构扶持	对于节能咨询、服务、信息处理与传播以及产品能源效率标识认证等有关节能中介机构,提供经费资助或税收优惠,促进节能技术、信息规范化与普及

资料来源:苏明、傅志华:《中国节能减排的财税政策研究》,中国财政经济出版社,2008,第 25~26 页。

"据统计，我国目前已出台 30 余项有关促进能源节约和环境保护的财税政策。"① 从调整项目对象来看，目前的财税政策主要涉及能源节约及回收利用、提高能效、新能源开发利用、节能环保服务等方面；从政策工具来看，主要运用了财政补贴、退税、差别税率（低税率或零税率）、设备加速折旧等手段；从优惠税种来看，主要涉及增值税、消费税、营业税、个人所得税和企业所得税。同时，为了走出"先发展后治理"的老路，财政部近年在年度预算中专门安排了用于支持和推进节能减排的资金，对符合条件的产业和项目进行财税调控。

我国已出台了很多促进能源节约和环境保护的税收政策，对促进能源节约和环境保护起到了积极的推动作用（见表 3 - 9）。①有减有免的税收支持开发利用可再生能源。支持可再生能源的开发利用，对于改善我国的能源消费结构意义重大。随着经济快速发展和能源消耗的加快，我国对可再生能源开发利用的税收扶持政策逐年增多。优惠政策虽然仅适用于个别企业，但起到了很好的示范作用。②有奖有罚的税收促进能源节约。经济发展与能源密不可分，能源状况制约着经济发展，而能源并不是取之不尽、用之不竭的。因此，节能已成为经济良性发展的重要措施。如在增值税方面，我国自 2001 年 1 月 1 日起，

---

① 吴国华：《中国节能减排战略研究》，经济科学出版社，2009，第 198 页。

表 3 - 9　我国节能管理的现行税收优惠政策

税种	项目及收入所得	优惠政策
增值税	资源综合利用	对利用城市生活垃圾生产的电力、利用煤炭开采过程中伴生的舍弃物油母页岩生产加工的页岩油及其他产品等资源综合利用的货物实行增值税即征即退
	建材产品	对部分新型墙体材料产品实行增值税减半征收,对资源综合利用的建材产品等免征增值税
	综合利用发电	对油母页岩炼油、垃圾发电实行增值税即征即退政策,对煤石、煤泥、煤系伴生油母页岩等综合利用发电、风力发电实行增值税减半征收,对燃煤电厂烟气脱硫副产品实行增值税即征即退
	废旧物资	对废旧物资回收经营单位销售其收购的废旧物资免征增值税
	污水处理	对各级政府及主管部门委托自来水公司随水费收取的污水处理费免征增值税
消费税	石脑油、溶剂油、润滑油、燃料油	按应纳税额的 30% 征收(航空煤油暂缓征收)
	达到欧Ⅱ排放标准的小汽车	对生产销售达到相当于欧Ⅱ排放标准的小汽车、越野车和小客车减征 30% 的消费税
营业税	技术开发、转让	对于技术开发、转让所取得的收入免征营业税
个人所得税	科学、技术、环保等奖金	省级以上单位颁发的奖金免税
	科技成果以个人股份等形式奖励	获奖人的科技成果取得股份奖励时暂不缴纳个人所得税

税种	项目及收入所得	优惠政策
企业所得税	转让技术所得	所得不超过 500 万元的部分免税,超过 500 万元的部分减半征收
	环境保护、节能节水项目	自取得第一笔收入所属纳税年度起第一年至第三年免税,第四年至第六年减半征收
	综合利用资源	企业用符合《资源综合利用企业所得税优惠目录》规定的资源作为主要原材料取得的收入,减按 90% 计入收入总额
	高新技术企业	减按 15% 的税率征收。企业研发费用未形成无形资产的,在据实扣除费用后,按研发费的 50% 加计扣除;形成无形资产的,按无形资产成本的 150% 摊销
	购置并使用环保专用设备	专用设备投资额的 10% 可从当年的应纳税额中抵免;当年不足抵免的,可在以后 5 个纳税年度结转抵免
	固定资产	由于技术进步,需加速折旧的,可缩短折旧年限或采取加速折旧方法
	在西部地区投资环保建设的内资企业	从生产经营日起,第一和第二年免税,第三至第五年减半征收,同时再按减半征收的应纳税额减半征收

资料来源:中国国际税收研究会:《促进节能减排税收政策研究》,中国税务出版社,2010,第 48~49 页。

对作为节能建筑原材料的新型墙体材料产品实行增值税减半征收政策等。在资源税方面,对原油、天然气、煤炭等矿产征收资源税,实行从量定额的计征方式。在出口退税方面,自 2004 年出口退税机制改革以来,为限制高耗能、高污染、资源性产品的出口,我国陆续出台了一系列政策。③取消或降低了资源性产品的出口退税政策,并通过税收调节鼓励资源综合利用。资源综合利用是我国经济和社会发展的必然要求，对提高资源利用效率、发展循环经济、建设节约型社会具有时代意义。我国的税收政策从增值税、企业所得税等方面鼓励、支持企业积极进行资源的综合利用。如在增值税方面，对企业生产的原料中掺有不少于30%的煤矸石、石煤、粉煤灰等的建材产品，包括以其他废渣为原料生产的建材产品免征增值税。④可抵可免的绿色税收政策。当前我国资源浪费和环境污染问题严重，环境污染与生态破坏所造成的经济损失与日俱增。因此，促进环境友好型、资源节约型社会的建设已成为我国经济发展必须面对的课题。

当前，我国在促进节能减排的财税政策方面，逐步形成了政府引导、企业为主、社会参与的节能管理机制。其积极作用主要体现在以下方面。

第一，有利于刺激能耗消费者改进生产技术以提高能效和进行节能改造。由于对节能改造项目实行"减免税"和"低息、贴息贷款"等财税政策，降低了能耗消费者改进生产技术以提高能效和进行节能改造的成本消耗。同时，由于对原有化石能源征收种类更多、额度更高的能源税，增大了能耗消费者不改进生产技术或者不进行节能改造的生产成本。"一高一低"的复合财税政策有效地刺激了能源消费者。

第二，有利于降低节能产品的市场风险。通过对高效节能产品的现金补贴，可以降低生产者和销售者在市场障碍方面的风险。由于对节能产品的现金补贴降低了高效产品的价格，消费者会尝试试用并形成消费习惯。财税政策还提高了节能产品的销售量，降低了销售者在库存、销售方面的风险。同时，财税政策降低了生产商引进使用高效产品生产线的风险。由于财税政策的刺激，销售量的增加更有利于节能产品形成规模效应，从而进一步降低节能产品的价格，形成良性循环。

第三，有助于节能理念的宣传。当前节能减排指标和 GDP 均被作为地方政府绩效考核的重要指标，从而使节能地位得以凸显。同时，由于财税政策的特殊性和政府相关性，社会大众会对节能产品给予更多的关注。这样就有利于引导节能产品的推广使用，促进企业节能技术的普及。同时，社会广泛的关注也将更有利于节能理念的传播。

我国财税政策的实施对能源节约、环境保护起到了重大的作用。但是目前我国的财税政策也存在着一些问题和不足。

一是节能财税政策支持调节范围较窄。节能财税政策应该涵盖节能管理过程中诸如节能技术研发、节能设备制造、节能产品认证、节能设备利用的各个环节，但是我国的财税政策目前只覆盖到了其中十分有限的地方。例如，我国目前对煤炭洁净技术的研发推广，以及太阳能、生物质能等可再生能源开发利用的扶持政策力度不足甚至缺失。同时，目前政府主要是鼓励企业节约能源的单向引导，在部分领域内对能源损失浪费、资源滥发等行为制度约束部分缺失。能源耗费者没有政策压力和惩罚约束，将"倒逼"节能者节能动力缺失。

二是节能财税政策支持方式比较单一。目前我国的节能财税政策相对单一且分布零散，没有形成"集团效应"，弱化了财税政策的调控效果。相对较零散的政策分布也使得财税政策的支持重点不突出且力度都相对较小。同时，国内的税收刺激政策形式多限于低（零）税率、减免税等直接税收优惠政策。直接税收优惠政策容易造成企业生产经营行为短期化，甚至骗取节能优惠税收。而对于节能设备加速折旧、投资抵免等可以引导企业调节生产经营活动的间接税收优惠政策使用较少。

三是税收调控力度尚不足。我国利用税收杠杆调控能源价格、促进节能的力度仍需加强。我国的能源税制征收范围一直较窄，计税依据长期不合理，加之我国目前针对能源消费征收的"消费税"税率远低于国际水平，"增值税"针对各个能源品种普遍征收且税率一致并无差异性，使得我国的能源价格水平一直偏低，造成了大量的能源过度耗用和浪费。同时，由于税收优惠政策在各地执行力度不一致，一些节能优惠政策被一些高耗能、高污染行业所利用。能耗和污染物排放问题不但没有得到解决反而更加严重。

四 节能财税政策的优化原则

财税政策是国家宏观经济调控的至关重要的政策工具，在促进节能管理工作推进的过程中具有其他政策工具、经济手段难以替代的功能。调整和优化节能财税政策体系要立足我国能源政策的目标导向和节能战略的现实需要。我国节能财税政策应该坚持如下的原则。

第一，坚持间接引导与直接刺激相结合的原则。当前国际上通行的支持节能产品产业发展的财税政策重心已经开始从直接性优惠向间接性优惠转移，这也是我国下一步财税政策的发展方向。在促进节能产业发展方面，我国的财税政策制定和完善也应体现这一要求，坚持以间接优惠为主，辅之以必要的直接优惠手段。

第二，坚持鼓励性政策与限制性政策相结合的原则。当前国家能源政策一方面鼓励节能产业的发展，另一方面对高耗能产业加以限制。节能的财税政策制定也应从这两方面入手，通过财税优惠政策鼓励能源资源的节约和环境污染的减少。同时，采取高税率、高罚款等惩罚性措施，限制高耗能、高污染、高排放、资源利用率低的生产消费行为，将鼓励与限制的财税政策共同施行，体现国家宏观政策的一致性。

第三，坚持全方位促进与多环节引导相结合的原则。发展节能产业是一项系统工程，即要求鼓励节能投资，也要求引导节能消费；即要求扶持节能产品的生产，也要求促进节能技术的推广；即要求加大与节能相关的设备和技术进口，也要求调节与节能相关的产品和资源的出口；等等。不同侧重点需要不同的政策手段，更要体现不同的政策导向。财税政策应该根据自身特点，多方引导，通过构建科学、合理的政策体系，更好地发挥促进节能的政策效应。

第四，坚持统筹规划和分步实施相结合的原则。节能管理工作是一项长期且十分艰巨的任务，其根本解决途径在于实现我国经济结构转型和产业结构调整。所以节能管理的财税设计既要放眼未来统筹规划，又要结合现实有重点地分步实施。

第四节　节能的政策体系构建

一　构建我国节能政策体系

（一）提升政府节能政策能力

（1）完善节能政策问题发现机制。节能政策问题发现机制的完善对政府有关节能政策问题认定能力有着重要影响，因此，要提升节能政策问题发现能力，就需要在社会各个层面、各个领域中建立和健全节能政策问题发现机制。节能政策问题可能产生于社会的任何一个领域，因而要想发现社会各领域中出现的问题，节能政策问题发现机制应当延伸到社会各个领域，不仅包括政府、政党、企事业单位、社会团体，还应包括新闻媒体、社会组织、社会个人。换言之，各级政府必须真正建立公平、开放、多向度的经济利益表达机制，为不同群体提供公平表达经济利益的制度性平台，以引导人民群众有序表达经济利益要求。

（2）完善节能政策执行机制。美国学者艾礼森曾指出："在实现政策目标的过程中，方案确定的功能只占10%，而其余的90%取决于有效的执行。"节能政策执行的重要性可见一斑。为了提高政府的节能政策执行能力，必须注意以下两个方面。一是要注意根据具体情况来科学选择匹配的政策执行组织形式。官僚制、委员会组织、矩阵式组织、项目小组等组织形式各有优劣，官僚制并非唯一的节能政策执行组织形式。二是要完善节能政策执行监督体制。我国节能政策执行监督体制存在的一个重要问题是以政府部门监督为主，立法部门、司法部门、新闻媒体、社会公众的监督力度还不够。为此，需要尽快将立法部门、司法部门、新闻媒体、社会公众纳入节能政策执行监督系统之中，并明确规范它们的监督职权与义务、监督途径、监督方式、监督效力等，这有助于提升政府节能政策的执行能力。三是要建立节能政策执行责任追究机制。节能政策的执行必须以强化责任追究机制为关键，保证节能政策执行的责任明晰和实施的严肃，增强节能政策执行者的责任感和危机意识，促进节能政策执行者提高政策素质和政策水平，规范节能政策执行行为，防止出现政策执行偏差、贯彻不力或违背政策的行为。

（3）完善节能政策调整机制。由于人们对节能问题的认识不可能有穷尽的时候，而且社会环境是权变的。所以，即使政府在制定节能政策的过程中广泛听取了广大群众的意见并经过了相关专家论证，但依然不能保证节能政策不出现任何漏洞。即使一项节能政策已经通过并付诸实施，也应该对节能政策的执行进行追踪调查。如果发现异常变化，就有必要进行追踪决策，以适应权变的社会环境；如果发现全局性的重大失误，则应毫不犹豫地立即做出节能政策的终结或替代行为，尽可能将损失减少到最低限度，切实做到节约、节能。此外，不论是节能政策终结，还是节能政策被修订或替代，都可能引起社会某些方面的不适应。在政策变动期间，政府部门应倍加注意政策带来的社会影响，同时维护好社会稳定①。

（二）设立国家级的能源管理机构

在节能工作中，政府的作用不断加强是国际大趋势，那么在我国政府机构改革过程中，就不应当将各行业部门

---

① 周全胜：《论政府节能政策能力建设》，《四川理工学院学报》（社会科学版）2009 年第 1 期。

的节能机构简单撤并，而应探索在市场经济体制下政府节能管理的新模式。根据国际经验，结合中国的实际，对节能工作的管理部门设置、职能定位及运作模式等提出一些初步的意见。长远来看，我国应设立一个综合性的能源职能管理部门，下设节能和新能源司（局）。我国是一个人口众多的发展中国家，目前又处于快速的工业化阶段，保障能源安全已经成为关系到经济安全和社会稳定的大事。由于国内的资源条件所限，我国能源供应难以满足经济社会发展的需求；石油净进口量逐年增加，近几年均在 7 亿吨左右，进口依存度占国内消费的 30% 以上。随着石油进口量的进一步增加，势必存在安全隐患，做好应急预案和风险防范已经迫在眉睫。从这个意义上说，国家组建能源部，已不是可有可无的事情了。组建能源部后，将目前分散在煤炭、石油、天然气、电力等能源行业部门和企业中的政府职能集中起来，实行统一管理，并负责国家的能源安全、发展战略和规划、能源与环境、节能和新能源等方面的公共事务。

与 1982 年成立能源部时的情形相比，国内情况已经发生变化。一是当时的几个能源部门现在均已改制为公司，不存在部门间的职能分工和复杂的协调问题。二是工业部门变成行业协会之后，管理国家能源战略和规划工作的职能相应减弱；国有公司虽可提出市场应对方案，但对全国能源平衡难以进行宏观调控。三是随着经济结构的调整，能源消费结构发生了变化，交通、建筑等用能的比重逐步上升。虽然每个行业内部可以实现用能的最优化，但无法实现整个国家能源利用的最优化。例如，汽车的生产商可以制造节能型小汽车，但不能优选节能型的交通方案。同样，由于建筑商考虑的是成本最小化，截至2000年国内建成的节能型居住建筑不足1%。因此，应根据形势变化的需要，研究有关问题，积极创造条件，逐步推进国家能源主管部门的组建工作。

如今我国政府在国家发改委下成立了一个能源局，并成立了电力监管委员会和国家能源领导小组。然而，能源政策是一个综合的政策，需要与能源生产、环境、贸易、财政等部门协调，需要其他政府部门的积极参与和合作，同时能源监管工作必须在国家总体政策指导下和相关的法律基础上才能做好。因此，应在中央政府层面设置一个主要能源管理机构，以保障国家能源政策和相应体制的整体性、有效性和权威性。

（三）完善并实施强制性的能效标准和标识制度

对于终端用能设备和产品，政府应采取强制性的节能措施。从1989年发布第一批能效标准起，我国对家用电冰箱、房间空调器、管形荧光灯镇流器及新建民用建筑等陆续实行强制性能效标准。然而，到2000年仅实施50%的建筑节能标准，全国节能居住建筑仅1.4亿立方米，占新建居住建筑总面积的0.7%。有些20世纪80年代的能效标准还在用，成了落后的"保护伞"，而国际上每隔几年就更新一次。因此，必须制定并完善各项终端用能产品的能效标准，并不断进行更新，把好市场准入关。将强制性能效标准作为淘汰高耗能、低效率用能产品的重要措施，分步淘汰 5%～10% 的低能效产品，提高高能效产品的比例，使我国用能产品的能效水平逐步接近并达到国际先进水平。

同时，要规范节能产品的认证制度。在已有基础上，不断扩大节能产品的自愿认证范围，探索建立认证产品的国际互认制度，提高认证产品的知名度和社会的接受程度。研究并建立必要的能源审核制度。在市场经济国家，这是政府对企业能耗诊断、评估和监督的重要手段。发挥中介组织的作用，通过对企业耗能的审核，找出高能耗的原因并进行技术改造，帮助企业提高能效，增强政府对企业能源活动的调控能力。政府和公共部门应率先使用节能设备和办公用品。此外，还应通过政府采购激励节能产品的生产，拉动节能产品市场，逐步实现对高能耗产品的替代。

（四）修改完善法律法规体系

为了配合《节能法》的实施，有关部门和地方已制定了配套法规和实施细则。截至 2002 年底，中央一级已颁布 25 项法规条例、27 项节能设计规范、近 100 项节能国家标准，几乎覆盖了工业、农业、交通运输、城市建设及第三产业的所有社会经济活动。为了更好地实施《节能法》，应研究制定有关法规或条例，如合理利用能源的评价条例、节能监督条例、能源效率标识管理办法、高能耗设备或产品的淘汰管理办法、节能工作管理办法、能源审核和信息披露管理办法等。继续清理与 WTO 原则不相适应的节能规章或文件，以适应新时期的节能管理要求。

国内外的实践证明，《节能法》作为经济建设的重要组成部分，在节能减排中发挥着重要的作用。为了充分实现节能政策绩效评价的功能，发挥其作用，必须将节能政策绩效评价工作纳入制度化、法制化的轨道；确立节能政策绩效评价的法律地位，建立节能政策绩效评价结果的使用机制，把公正、可靠、权威的节能政策绩效评价结果作为追究决策失误责任的重要依据，依法实行对决策者的有效监督。

重视节能政策的区域差异化，适时修改、调整政策，提升节能标准。我国《节能法》第十四条规定，国家标准化行政主管部门可以制定有关节能的国家标准，对没有国家标准的，国务院有关部门可以制定行业标准，没有给各级地方人民政府根据本地实际情况制定节能的地方标准留下空间。我国是个地域广阔、能源资源分布不均的国家，应当允许地方节能部门根据各地情况制定严于国家标准、部门行业标准的地方标准，减少由于节能标准统一而引起的地区之间的节能效果差异，防止节能政策出现失效。此外，应加快节能政策法规体系建设，鼓励地方政府出台适合当地实际的地方性法规。在这方面，《中华人民共和国环境保护法》（以下简称《环境保护法》）等其他法律法规是值得借鉴的。《环境保护法》第十条既规定了国家标准、行业标准，还规定了地方可以因地制宜地制定严于国家污染物排放标准的地方污染物排放标准。

二　发挥财税政策的促进作用

（一）加大财政投入促进节能

财政扶持资金为节能降耗提供了财力保障，对节能环保产业实施扶持，优先采购节能、环保型产品，利用财政投入、政府收取的排污费设立专项资金，引导资金向节能减排、循环经济、环境保护投放，发挥政府财政资金的导向作用和拉动效应。发展有利于节能降耗、减少污染的项目和技术，以此鼓励企业在产品生产过程中采用节能环保新技术、新工艺，增加节能、环保设备的购置使用。

一是将节能减排资金纳入财政公共预算。公共预算作为政府的年度基本财政收支计划，是政府从事资源配置活动的重要决策安排，反映了政府的活动方向，直接规定并控制政府的开支项目和开支数额。公共财政预算是政府推进节能减排的重要财力来源，它能有效推进节能减排的技术进步，提高能源利用效率，使节能、环保与经济发展步入良性发展轨道。在经常性预算中，增设节能支出科目，安排相应的节能支出项目，特别是对符合国家产业政策和节能减排要求的项目和企业增加预算。在预算中安排必要的资金，增加节能技术的研究和推广，开展节能减排的教育培训和咨询服务。在建设性预算中，财政对节能减排的投资力度加大。一方面，逐渐提高节能投资占预算内投资的比例；另一方面，选择一些重要的、投资数额大的节能项目，国家财政一般采取直接投资方式予以支持。政府在财政预算中安排专门资金，采用补助、奖励等方式，支持节能减排重点工程、高效节能产品和节能新技术推广，进一步加大了财政预算投资向节能环保项目的倾斜力度。

二是政府采购招标节能环保产品的配套措施。①节能、环保产品和环境标志产品实行政府采购招标机制。政府采购招标具有引领作用。政府采购招标的正确引导、管理和监督，将随着我国经济和社会的快速发展逐步增加对节能产品的需求。坚持效率性、公开性、公平性、竞争性原则，按照政府采购节能环保产品采购目录，加大对节能产品的认证力度。②制定了政府采购政策、法规和办法。通过实施采购清单目录公告、采购分析和评估，以审计监督政府采购活动。政府采购机构是由政府组建，并根据政府授权负有组织行政事业单位重大和集中采购事务，并严格按照政府采购法规以及其他有关政府采购政策规定开展工作。③实行集中招标采购模式。集中采购以采购产品目录为标准，而研究政府采购的实质恰恰是应该将那些节能产品纳入政府采购的目录，并强制实行。④加强对招标代理机构的管理。招投标是政府采购的主要方式之一，由于招投标采购技术性较强，需要借助招标代理机构来办理，而招标代理机构这一社会中介机构属于营利性机构，政府需加强对它的监督管理。⑤节能产品的协议供货制度。通过一次招标为有共同需求的单位确定中标供应商和中标产品，并在一定时间期限内由有此需求的单位直接向中标供应商采购。⑥设立审查和仲裁机构。协调处理供应商行政诉讼和复议等事项，这是有序开放政府采购市场、规范政府采购行为的必备措施。建立节能产品政府采购评审体系和监督制度，切实保证节能和绿色采购工作落实到位。

三是提高专项转移支付能力。财政大力支持城市污水处理设施建设，利用好上级财政，重点加大对污水处理设施管网建设补助，支持农村水源污染防治，推进新农村建设转移支付政策，通过专项转移支付对关停污染企业及地区给予一定财政补助，引导经济结构调整和产业升级。安排资金支持淘汰落后产能，中央级、省级财政通过增加转移支付，对经济困难企业给予适当补助和奖励。做好中央对地方的节能专项拨款应用，通过中央财政设立的可再生能源发展专项资金，与地方优势结合，重点支持风能、太阳能、生物质能等可再生能源的开发利用。

四是加强节能技术改造与创新的财政帮扶。建立政府主导、企业为主体、产学研相结合的节能减排技术创新与成果转化体系，加强企业与科研机构、高等院校的合作，搭建技术共同开发、成果共同享用的节能减排科技创新平台，建设一批国家级、省级技术中心。组织节能减排科技开发专项，实施一批节能减排重点项目，如秸秆发电、工业三废、沼气利用等，攻关节能减排的关键技术和共性技术，为节能减排提供技术支撑。积极建设技术推广网络平台，提供节能减排技术成果信息化服务。同时，加大公共财政投入力度，解决节能的关键技术和共性技术。例如，应重点攻克煤炭、电能、油气和热能等高效利用技术。从跟踪国际先进能效技术入手，通过合作研究和联合技术攻关，形成先进的、具有自主知识产权的节能技术系统和创新体系。对于我国目前那些能效技术差距大、产业化程度低的技术、设备或工艺，通过引进、消化、吸收，加快能效技术的升级步伐，尽快缩小与国际先进水平的差距。通过典型示范，推进节能新技术的产业化。我国已有一批商业化节能技术，应结合工业化进程，面向市场，选择市场前景好、国内需求量大的技术、工艺进行试点示范，逐步替代高能耗、重污染的设备和产品。

（二）税收优惠政策鼓励节能减排

税收政策是国家宏观经济调控的重要工具。在促进节能以及可持续开发和利用上具有其他经济手段难以替代的功能。参照国际惯例并结合我国实际，在调整和优化节能税收政策体系中，既要立足我国能源政策的目标导向和节能战略的现实需要，也要考虑我国税制结构的现状和发展方向；既要有利于促进节能战略的实施，又要符合税制发展的整体要求①。

1. 促进节能投资的税收政策

所得税是引导社会投资方向、优化产业结构的重要政策工具。所得税的政策重点可以从以下几方面给予促进节能投资的税收倾斜。第一，对企业为开发节能产品而发生的研发费用，未形成无形资产的，研发费用可以按照实际发生额加计一定比例之后在计算企业所得税时扣除；形成无形资产的，研发费用可以按实际发生额加计一定比例计入无形资产原值，按照有关规定摊销。第二，对企业用于生产节能产品的关键设备，可适当缩短折旧年限或实行加速折旧方法计提折旧。第三，对企业以资源综合利用目录内的资源作为主要生产原材料，生产符合国家产业结构政策规定的产品所取得的收入，可减按一定的比例计入应纳税所得额。第四，对企业未达到国家规定的能耗标准进行节能改造而购置的节能设备，可按其设备投资额的一定比例从企业的应纳所得税额中抵免。第五，对节能产品的广告费支出，可以在计算企业所得税时适当提高税前扣除标准。第六，对社会力量通过国家节能、环保组织向节能生产企业的捐赠，可以比照公益、救济性捐赠，在计算企业所得税或个人所得税时给予一定比例的扣除。

---

① 苏明、傅志华：《中国节能减排的财税政策研究》，中国财政经济出版社，2008，第 87 ~ 93 页。

增值税在我国当前税制结构中占有重要地位。由于绝大多数产品都采用统一的17%的标准税率，所以通常无法利用增值税达到限制其他非节能产品发展的目的，主要还是利用增值税的优惠政策来鼓励节能投资的推进。第一，对节能使用设备和生产设备的技术改进投资实行消费性增值税政策（消费性增值税允许对所购固定资产所含的进项增值税在折旧部分中予以抵扣）。通过在重大节能设备投资中实行消费性增值税政策可以降低企业生产成本，以达到支持节能产业发展的目的。第二，对生产最终节能产品的企业实行一定期限的增值税即征即退、减征或免征政策。在一定期限内可以对个别节能效果非常明显的产品实行即征即退政策（退税可以是部分退税也可以是全部退税），达到增加企业发展后劲的效果。

对于促进节能投资的角度，还可以选择其他的税收优惠政策：第一，对符合一定标准的节能生产企业，在城镇土地使用税、房产税方面可以适当给予一定的减税或免税优惠；第二，将一些尚未纳入资源税征税范围的资源品纳入资源税征税的范围，对于国家需要重点保护或限制开采的能源资源（如稀土资源等），适当提高资源税的税额，甚至可以采取从量定额征收与从价定率征收相结合的征税办法；第三，对一些超过国家产业政策标准规定的高能耗产品开征环境保护税，引导社会投资向节能产品的生产转移。

2. 促进节能消费的税收政策

税收对节能消费调节可以通过对消费品价格的影响来体现。从引导社会节能消费的角度考虑可以采用如下政策。

首先，调整现行的消费税政策。第一，将目前尚未纳入消费税征收范围的不符合节能技术标准的高能耗产品、资源消耗品纳入消费税征税范围；第二，适当调整现行一些应税消费品的税率水平，如提高大排量轿车的消费税税率、降低新能源汽车的消费税税率等；第三，适当调整消费税的优惠政策，对符合一定节能标准的节能产品按照一定比例享受消费税减征或免征优惠。

其次，调整车辆购置税、车船使用税政策。第一，对以清洁能源为动力、符合节能技术标准的车辆，可按适当比例给予减征车辆购置税的优惠；第二，改革车船使用税的计税标准，对不同能耗水平的车船规定不同的征税额度，实行差别征收。

最后，开征燃油税。对不同能耗的燃油或天然气规定不同的燃油税税额予以征收。

3. 促进节能产品进出口的税收政策

进口税收可以采用以下税收政策：第一，对境外捐赠人无偿捐赠的直接用于节能产品生产的仪器、设备和图书资料，免征进口关税和进口环节增值税；第二，在合理数量范围内，进口国内不能生产的直接用于生产节能产品的设备，免征进口关税和进口环节增值税；第三，进口国外生产的且经有关部门认定符合一定标准、技术先进的节能产品，可适当减征或免征进口关税和进口环节增值税。

而对于出口税收政策来说，应当考虑根据国家能源政策导向，调整出口货物退税率。对鼓励类的出口产品，适当提高退税率；对限制类的出口产品，适当予以降低甚至取消退税率。

4. 鼓励节能技术推广的税收政策

促进节能的税收政策还应注重节能技术的开发、推广和应用。

第一，对从事节能技术开发、技术转让业务和与之有关的技术咨询、技术服务业务取得的收入免征营业税；第二，对单位和个人为生产节能产品服务的技术转让、技术培训、技术咨询、技术服务、技术承包所取得的技术性服务收入，可予以免征或减征企业所得税和个人所得税。

（三）节能环保产业和资源综合利用税收优惠

税收优惠鼓励资源综合利用和环保企业。首先，优惠的节能、环保产业政策，可使企业享受一定的所得税减免；在增值税优惠政策中，对企业购置的环保设备允许进项抵扣，从而鼓励企业购置使用先进环保设备；对节能环保设备实行加速折旧；鼓励节能环保投资，包括吸引外资、实行节能环保投资退税等。其次，对高新技术的研究、开发、转让、引进和使用予以税收鼓励，包括技术转让收入的税收减免、技术转让费的税收扣除、对引进节能环保技术的税收优惠等。再次，加大税收优惠，扶植引导环境无害产业和节能、环保产业的发展，如降低节能、环保企业的各种税负，以及节能、环保产业设备和仪器的进口关税，对于"三废"综合利用产品和清洁生产给予一定的税收优惠等。改变原有的单一减免税的优惠形式，采取加速折旧、税收支出等多种优惠形式，大力发展循环经济和绿色经济。最后，灵活准确地运用关税手段（如降低税率、特别关税、反倾销税等），积极参与国际竞争，保护国内环境和资源。降低木材及木制品、石油、天然气进口关税税率或实行零关税，提高木材、石油的进口数量。企业综合利用资源，生产符合国家产业政策规定的产品所取得的收入，可以在计算应纳税所得额时扣除。企业购置用于环境保护、节能节水、安全生产等专用设备的投资额，按一定比例实行税额抵免。

税收减免支持开发利用可再生能源。开发利用可再生能源是节能减排的有效办法，太阳能、风能、海洋能、地热能等可再生能源都是很好的能源。这些能源在使用过程中产生极低的温室气体，产生的污染气体对生态系统和环境影响很小，因此备受关注。要大力开展可再生能源技术的研究，开发能源技术。风力发电、太阳能光伏发电、垃圾发电、太阳能热利用、地热利用、沼气利用、秸秆气化等很多可再生能源新技术正逐步市场化，优惠的税收手段可以更好地推动可再生能源的开发利用。

（四）税收介入力促清洁生产

清洁生产是有效的节能减排途径，也是能源消耗控制污染的最佳方式。实践证实，这种生产方式具有投资少、见效快、易被企业接受的特点，实施清洁生产逐步成为提高节能水平、减少污染的有效途径。税收作为一种重要的经济手段可以介入清洁生产的全过程，运用它能够有效克服在清洁生产过程中产生的外部性问题，从而推进企业实施清洁生产。税收的介入，一方面可以解决清洁生产中的外部性问题；另一方面可以使企业的生产成本增加，使税收成为企业产品生产决策的影响因素。这样能够促使企业对其生产过程进行定位，尽最大努力减少污染，运用先进工艺推进清洁生产，并要求企业在产品确定生产之初就考虑资源的消耗和环保要求。同时，通过对高耗能、高污染的产品在消费时征税，将产品的污染成本加入价格中，使消费者及企业对高耗能、高污染的产品予以排斥，这样就减少了该产品的消费。因此，通过税收可以改变企业行为，促使企业推广清洁生产。

在清洁生产的三阶段，即清洁的能源及原材料、清洁的生产过程和清洁的产品阶段都存在外部性问题，在这三阶段税收都可以介入，同时它们也都需要税收的介入。因此，税收要促进清洁生产，必须密切结合清洁生产的全过程，在进行税制设计时，必须把税收与清洁生产的内容和过程结合起来。清洁生产的内容和全过程如下。①清洁的能源及原材料。包括常规能源的清洁利用、再生能源的利用、新能源的开发、各种节能技术的推广等。例如，对煤采取清洁利用的方法、对城市实行煤气化供气、对沼气等再生能源的利用、对太阳能等新能源的开发，以及各种节能技术的开发等。②清洁的生产过程。指尽量少用和不用有毒、有害的原料；选择无毒、无害的中间产品；减少生产过程的各种危险因素，如高温、高压、低温、低压等；采用少废、无废的工艺和高效的设备；做到物料的再循环；简便、可靠的生产操作和控制方法；对物料进行内部循环利用，等等。③清洁的产品。指产品在使用过程中以及使用后不会危害人体健康和生态环境的因素。产品设计应考虑节约原材料和能源，少用昂贵和稀缺的原料；产品的包装合理；产品使用后易于回收、重复使用和再生，等等。因此，清洁生产包含了两个全过程控制：生产全过程和产品整个生命周期的全过程。强调在产品生产全过程及其相关服务中的各个环节和各个方面都要节能、降耗、减污、增效，以提高效率和降低对人类和环境的危害，实现经济、社会、健康、安全和环境的效应。因此，税收要有效调节清洁生产，推动清洁生产运动，就必须密切结合清洁生产的全过程及其内容，将税收贯彻到清洁生产的三个过程中去，使清洁生产的每个环节都做到有税可调，并受到税收的规约。

三　加快经济结构转型推动节能

21世纪以来，中国高耗能工业的迅速发展是中国能源消费快速增长的重要原因之一。因此，加大产业结构调整力度、控制高耗能工业的发展、鼓励和促进高科技产业与第三产业的发展是抑制我国能源消费快速增长、节约能源资源的重要手段。

（一）控制高耗能行业过快增长，加快淘汰落后产能

2008年，我国实施了稳健的财政政策和从紧的货币政策，资金压力进一步加大。面对资源瓶颈、环境压力的严重制约，如果经济发展方式不转变，结构不优化，不走节能减排的路，不走建设资源节约型和环境友好型社会的路，过度消耗资源的状况就难以得到有效改变，经济就不可能持续增长。因此，必须深入研究、正确把握国家产业政策，积极适应宏观调控形势，提出产业发展的重点和导向，做大做强已有的优势产业，积极培育新的产业，这是摆在我们面前的一项重要任务。提升产业核心竞争力既是应对挑战，也是积极参与经济全球化、区域经济一体化，广泛参与国际分工、引进大型跨国公司，进一步形成区域竞争优势的需要。

加快调整结构是节能减排的根本途径。"如果我国第三产业增加值的比重提高1个百分点，第二产业工业增加值比重相应降低1个百分点，那么能源消费总量就可以减

少约 2500 万吨标准煤，相当于万元 GDP 能耗降低约 1 个百分点。如果高技术产业增加值比重提高 1 个百分点，而冶金、建材、化工等高耗能行业比重相应下降 1 个百分点，那么能源消费总量可减少 2775 万吨标准煤，相当于万元 GDP 能耗降低 1.3 个百分点。"[①] 调整经济结构，当前应主要从以下几方面着手。一是控制高耗能、高污染行业过快增长。我国从源头上严把高耗能行业准入关，坚决贯彻落实中央关于加强和改善宏观调控的一系列政策措施，严禁投资新建或改、扩建违反国家产业政策和缺乏能源、环境支撑条件的高耗能生产项目，从严控制钢铁、铁合金、电石、焦炭、水泥、煤炭、电力等行业新上项目，特别是高耗能项目。在继续管好土地和信贷两个闸门的同时，把能耗标准作为项目审批、核准的强制性门槛，严把能耗增长的源头关，遏制高耗能行业过快增长。二是依法淘汰高耗能、高污染行业的落后生产能力、工艺装置和技术设备。将电力、钢铁、电解铝、铁合金、酒精、味精、柠檬酸等 13 个行业的落后产能作为重点淘汰对象。"十一五"期间，全国"上大压小"、关停小火电机组 7682.5 万千瓦，淘汰落后炼铁产能 12000 万吨、炼钢产能 7200 万吨、水泥产能 3.7 亿吨[②]。淘汰落后产能成效显著。三

①　相关数据来自国家发改委的测算。
②　相关数据来自国家发改委网站。

是积极推进能源结构调整。大力发展可再生能源，稳步发展替代能源。四是促进服务业、高技术产业加快发展。2010 年，服务业增加值占国内生产总值的比重比 2005 年提高 3 个百分点，服务业从业人员占全社会从业人员的比重比 2005 年提高 4 个百分点。

（二）通过自愿协议形式，抓高耗能行业的节能

目前，虽然我国节能技术的进步和能源效率的提高取得了一定进展，但是和国外相比，我国的能源效率差距还是十分显著的。"2007 年 11 月 27 日，世界自然基金会发布报告称，中国能源利用率仅为 33%，相当于发达国家 20 年前的水平。"[①] 因此，我们应该不断加大力度促进节能技术发展，通过自愿协议的形式，重点关注高耗能行业能源效率的提高。自愿协议，是国际社会广泛采用的一种非强制性的节能措施，是行业组织或企业在自愿的基础上，与政府签订的一种协定。许多欧美国家采用自愿协议的方式推进节能，达到了预期的目标。加强对重点用能企业的节能监察，实行国家的统一管理，可采取自愿协议的形式。根据《节能法》和《重点用能单位管理办法》的规定，1999 年底，国家经贸委公布了 7200 多家年耗能在 10000 吨标准煤以上的重点用能单位名单，其总能耗约占全国的 50%。其中，年耗能在 20 万吨标准煤以上的企业

---

① 赵晓丽：《产业结构调整与节能减排》，知识产权出版社，2011，第 225 页。

有 540 家，累计耗能 4 亿吨标准煤，约占全国能耗的
40%。应鼓励这些重点用能企业制定切实可行又高于一般
水平的能源效率指标，在它们达到这一指标时，主管部门
给予一定的奖励，以带动整个行业的节能，使国家的整体
能源效率得到不断提高。

四 综合措施推进节能管理

（一）加强国际合作，提高节能工作的管理水平

通过合作研究、开发、培训、考察访问、研讨会等多
种方式，进一步加强与国外政府机构、国际组织、企业、
研究咨询机构等的联系，开展多层次、多领域、多种方式
的交流与合作，利用国际资源，共享国际经验与教训，研
究国外的系统效益收费、环境成本内部化和开征能源税等
经验在我国实施的可行性，促进节能、环保、减排、可再
生能源开发和能源结构优化，防止走国外已经走过的弯
路，提高我国的节能技术和装备水平。加强政府和企业人
员的能力建设，不断提高我国节能的管理水平。

（二）加大节能宣传力度，实现全民节能

自 1986 年以来，我国每一个经济周期的开始都会带
来单位 GDP 能耗的上升，大大抵消了节能工作的效果。
所以在与经济建设相冲突时，要坚持"又好又快"的原
则，认识到节能工作的战略意义，把好节能关。此外，节
能涉及各行各业和千家万户，需要动员全社会的力量积极

参与。我国应围绕"大力发展循环经济，加快建设节约型社会"，开展"资源节约行"活动；组织新闻媒体采访，集中宣传节约资源的先进典型，揭露和曝光浪费资源、严重污染环境的行为和现象；认真组织好全国节能宣传周、全国城市节水宣传周以及世界水日、土地日、环境日等宣传活动，开展节水型社会建设公益广告和征文活动；同时要加强建设节约型社会的研讨和交流。

公众的自觉参与是节能的重要外部条件。增强忧患意识，使节能成为全社会的自觉行动。节约是我国的传统美德。然而，随着经济的发展和人民生活水平的提高，一些人的"节约"意识淡薄，这种情绪不宜滋长。应利用广播、电视、网络等媒体，加大节能的宣传力度，提高全民的资源忧患意识。没有能源的忧患意识和紧迫感，就不可能有节能的自觉行动，更不可能列入议事日程。在提高公众节能意识、从儿童抓节能的同时，更应使决策者明白节能的重要性和迫切性。通过宣传教育使大家明白，我国不可能也不应该走浪费资源、污染环境的老路，人口多、人均资源不足的基本国情决定了我们只能走一条比发达国家能源效率更高的可持续发展之路。节约应成为我国长期坚持的指导方针，只有这样才能形成"人人爱节约，个个懂节能"的社会风尚。

第四章　构建节能管理市场
机制与政策体系的
总思路与对策

第一节　市场与政府节能管理的理论分析

一　市场机制失灵

经济学上的完全竞争市场假设下，市场均衡的结果将会使资源达到帕累托有效配置。但是市场机制并不是万能的，在现实生活中，市场失灵将使市场均衡的结果不能使资源的配置达到帕累托最优。市场机制的失灵是由于现实经济生活很难满足完全竞争市场所假设的种种严格条件，而且即使满足了这些条件并实现了帕累托效率，但它仍然无法解决诸如收入和财富分配不公、自发竞争导致的经济波动等问题。

可以用图形来简单说明市场失灵的现象。图 4 - 1 中，横轴表示经济活动的产量，纵轴表示要增加的社会福利或代价。向右上倾斜的曲线为边际社会成本（Marginal Social Cost，MSC）曲线，边际社会成本是增加 1 单位经

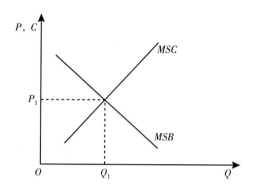

图 4 - 1　市场失灵直观图

济活动 Q 所增加的社会成本。向右下方倾斜的曲线为边际社会收益（Marginal Social Benefit，MSB）曲线，边际社会收益是增加 1 单位经济活动 Q 所增加的社会福利。以帕累托改进定义"社会成本和社会福利"：帕累托最优的资源配置位于 MSB 和 MSC 曲线的交点，这个点使得社会总剩余（MSB 曲线下的面积减去 MSC 曲线下的面积）最大化。

　　下面的几种情况将会导致资源配置不能使社会福利最大化，即导致"市场失灵"。

　　第一，不完全竞争市场。帕累托最优的一个强假设前提就是存在着完全竞争市场，但是现实生活中特别是能源市场中垄断因素与日俱增。如果能源要素供给者具有一定的市场影响力甚至垄断力的话，就会产生帕累托无效率。具有垄断势力的能源供给厂商会在边际成本低于价格但等于边际收益的产量水平上进行生产，这意味着能源产品将以较高的价格出售较少的产出，欧佩克（石油输出国组织）就是其中的例子。最终使得能源产品之间的边际转换率和消费者对这两种能源产品的边际替代率不相等，两种能源产品一种生产过多，一种产量太少，导致资源非有效配置。可以预见在不久的将来，节能管理也会存在技术垄断和节能产品垄断。当节能市场存在由一个或数个卖者技术垄断时，即由规模报酬递增的特点所决定的天然垄断时，就会排斥节能市场的充分竞争，破坏符合帕累托效率的市场资源优化配置。我们可以使用局部均衡分析方法对垄断的社会福利损失进行分析。

图 4 -2 中，在不存在外部性的条件下，需求曲线 D 为边际社会收益（MSB）曲线。假定厂商的 MC 为边际社会成本（MSC）曲线，垄断条件下的最优产量取决于 MC 曲线和 MR 曲线的交点 C 点，最优产量为 Q_2，价格为 P_2；而社会最优产量取决于边际社会成本（MSC）曲线和边际社会收益（MSB）曲线的交点 B 点，最优产量为 Q_1，价格为 P_1。垄断的存在给社会造成了图中 ABC 三角形的社会福利损失。

第二，外部性。市场机制中价格机制能够有效运作的原因就是市场价格能够充当信息媒介，传递生产者和消费者的信息。人们的外部性经济行为不通过市场价格实现社会资源的有效优化配置。在具有外部性的节能市场，具有

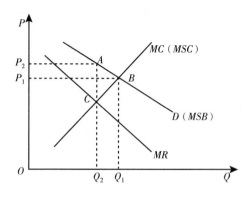

图 4 - 2　垄断造成的社会福利损失

外部性的节能产品价格是不完全、扭曲的市场价格，不能准确反映消费者和生产者活动的后果。节能的外部性体现在节能产品不通过价格机制或供求机制直接反映影响他人的正外部性，即节能的经济行为主体的行动使得他人或社会受益，而受益者无须花费代价。同时，当节能市场存在着正外部性时，帕累托最优就无法实现。因为节能产品使用者的边际成本已经不等于边际社会成本，$P = MPC > MSC$，而有效的资源配置要求 $P = MPC = MSC$。由于外部性独立于市场机制之外，外部性不通过市场发挥作用，因此微观经济主体的经济行为不以市场为媒介对其他主体产生附加作用效应，市场机制无力对产生正外部性的节能厂商和消费者进行补贴。此时，节能市场存在的正外部性将使完全竞争条件下的资源配置偏离帕累托最优状态。也就是说，假定此时整个节能经济市场仍然是完全竞争的，但由于存在外部性，整个经济的资源配置也不能达到帕累托最优状态。

图4-3中，MEB曲线向右下方倾斜，因为随着节能数量的增多，给社会带来的边际收益下降。节能产品使用者没有考虑到自己的行为会给社会或者其他经济主体带来正外部性，根据 $MPC = MPB$ 的个人福利最大化原则，他选择的数量为 Q_1，这显然不是社会最优选择量，社会最优数量是边际社会收益等于边际社会成本的数量 Q_2，$MSE = MPB + MEB$。由于在市场机制下，节能者的使用量为 Q_1 而非 Q_2，因此没有达到帕累托最优的资源配置。

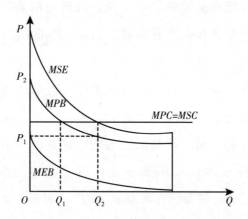

图4-3 正外部性效益的资源配置偏离

同时，能源市场中还存在负外部性的情形。例如，能源产品生产利用的环境污染破坏等生产的环境成本、保障能源安全等外部性代价未计入能源价格。由于能源价格中不包括环境成本，因此不能充分反映能源的社会成本。由此导致能源产品的"低价"，稀缺的能源没有在市场机制下达到应有的优化配置。

第三，公共物品。公共物品的消费具有非竞争性和非排他性的特点，因而会在消费上产生"搭便车"的现象，自己不负担公共物品的生产成本。所以，市场不会有效率地提供公共物品，这导致了资源配置的无效率。非竞争性是指一个人消费某件物品（如自然环境时）不妨碍其他人同时消费同一件物品；非排他性是指只要社会存在某一公共物品，就不能排斥该社会上的任何人消费该物品，任何一个消费者都可以免费消费公共物品。我们仍然使用局部均衡分析来考察公共物品的存在对于市场作用机制的影响。

图4-4中，假设对于公共物品的消费只有 X、Y 两个消费者，将两人的个人需求曲线 MSB_X 和 MSB_Y 纵向加总得到边际社会收益（MSB_3）曲线。由帕累托效率条件可知，边际社会收益（MSB_3）曲线与边际社会成本（MSC）曲线的交点所决定的公共物品数量 Q_0 就是帕累托最优的公共物品数量。在此交点需要满足有效率的条件是，X 和 Y 两个消费者在公共物品 a 与私人物品 b 的边际替代率加总等于公共物品 a 和私人物品 b 之间的边际转化率，即 $MRS_{ab}^X + MRS_{ab}^Y = MRT_{ab}$。但是此时边际社会收益曲线并不是公共物品的市场需求曲线。这是因为只要一个消费者为该种公共物品付费，其他消费者都可以免费享受，此时就不存在其他的市场需求，所以公共物品的市场需求曲线至多只是某

个消费者的个人需求曲线（如图 4-4 中的 MSB_X 曲线）。那么在这样一种市场需求下，即使公共物品的生产者按照边际成本等于价格的最优化生产原则决定公共物品的产量，公共物品的产量也只是图 4-4 中 MSB_X 曲线与 MSC 曲线的交点所决定的 Q_X 数量，小于帕累托最优的产量 Q_0。

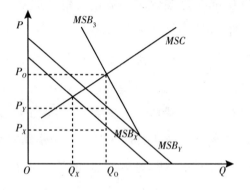

图 4-4 公共物品范畴内市场机制的失灵

上述分析过程只是基于市场中的公共物品消费者只有两人的情况，如果扩大到公共物品消费者的数量无穷大时，则边际个人收益曲线的加总所得到的边际社会收益曲线将比 MSB_3 高到正无穷，那么市场机制所决定的公共物品产量 Q_X 远无穷小于帕累托最优产量 Q_0。加之公共物品的边际成本非常高，使得公共物品由市场机制提供的产量常常为零，即市场机制不可能提供足够数量的公共物品。自然环境属于公共物品的范畴。在市场机制下，市场倾向于少生产这些公共产品。长期以来，市场机制下微观经济主体在逐利的动机下会不考虑社会效益，因此对公共物品性质的节能技术研究、开发投资明显不足。

此外，节能管理的实质是保护有限稀缺的资源，而资源属于准公共物品。准公共物品有一个显著的特点，那就是准公共物品具有"拥挤性"。图4-5中，在准公共物品的消费中，当消费者数目从零增大到一个相当大的正数即达到"拥挤点"，在未超过拥挤点以前，可以增加额外的消费者而不产生竞争，此时每增加一个消费者的边际成本是零；当超过拥挤点之后，增加更多消费者将减少全体消费者的效用。"俱乐部经济理论"认为，"消费同一社会的公共物品的消费者为同一'俱乐部'成员，每个成员对于该俱乐部范围内既定数量与质量的公共物品消费的效用都是其他成员消费该公共物品的函数。"①

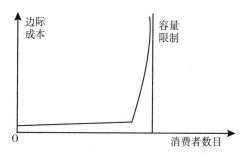

图4-5　准公共物品的"拥挤性"分析

第四，信息不对称。信息不对称是指买卖双方掌握的关于商品的价格和质量的信息是不完全的。信息不对称也会使资源配置发生扭曲。这是由于市场机制对资源的配置效率取决于市场的信息条件。市场规模的扩大、市场信息的不均匀分布、市场微观经济主体的独立分散性以及垄断等因素的存在使得供求和价格信息变动不能及时准确地反馈给交易双方，微观经济主体不能获得充分和全面的信息，这将导致市场活动的盲目性。市场经济主体在信息不完全条件下进行决策选择，不利于刺激生产效率，从而导致市场失灵，资源无法优化配置。信息不对称中常见的经济现象是交易微观经济主体的一方掌握更多市场和产品的信息，尤其是在最终产品的消费市场，当消费者对商品不具有充分知识了解的时候，消费者往往不能实现自身消费效用的最大化。

"环境能源产品交易中就存在着严重的信息不对称现象。一方面，环境经济系统及其产品有其复杂性，与交易者对信息的需求相比，信息的供给严重不足；另一方面，信息的公告性和人的机会主义行为倾向，也容易导致信息的不对称。"[①] 例如，在能源的开发利用中，自然环境污染者往往对其生产过程、生产技术、排污状况、污染物危

---

① 李云燕：《循环经济运行机制——市场机制与政府行为》，科学出版社，2008，第105页。

害等方面的了解要比受污染者更详细，但受个人经济利益的驱使，他们会选择隐瞒相关信息，继续污染环境。同时，市场机制的有效运行要求畅通且完备的信息传递，但是获取信息需要花费一定的成本费用，消费者往往缺乏渠道和耐心去做相关的了解。例如，消费者对节能产品和服务缺乏信心的主要原因就是其缺乏必要的节能产品信息和改变长期使用习惯的耐心。如消费者不了解所消费产品的节能特性和经济性，就不可能购买具有更高能效的节能产品。在节能投资领域存在的信息不对称现象主要表现为节能资金市场和节能项目市场存在严重的信息不对称。节能项目的实施过程需要寻找资金投入、相互商讨资金投入、预测项目预期收益、签订资金投入合同等，这一切流程都需要项目双方全面地收集和掌握节能项目的信息。然而金融投资部门、私人股权投资者等节能项目市场投资方对节能项目的可行性、可赢利性、操作实施流程及投入资金退出方式等方面的信息缺失势必导致节能投资方对节能项目的投入力度不够。

二　政府失灵分析

政府失灵是指政府干预经济行为不当，政府的行动扰乱了市场机制的正常运转，阻碍和限制了市场机制功能的正常发挥，从而导致经济关系扭曲、市场缺陷和混乱等市场失灵后果加深，以至于市场经济中社会资源的最优化配置难以实现①。查尔斯·爱德华·林德布洛姆（Charles Edward Lindblom）在其《政治与市场》一书中就对政府失灵做出了形象的描述：政府"只有粗大的拇指，而无其他手指"。斯蒂格利茨也认为政府失灵是客观存在的。他认为"政府对经济的干预是必要的，问题的关键在于必须把握好干预的力度和采取适当的方法"，"可以肯定地说，某些市场失灵非常需要政府的某些合适的干预形式。问题在于政府干预并不是完美无缺的，它会（几乎肯定会）滋生浪费和无效率，这是事实"。

政府失灵主要的表现体现在以下两方面②。

一方面，政府干预在范围、力度上的选择不足以应付市场失灵的实际需要，或者政府干预的方式及干预的工具选择不当，无法弥补市场失灵。有时还会给市场的运行带来不应有的困扰。例如，在对生态环境的保护、公共物品的生产、公平竞争环境的实现等方面，政府干预得往往不够，其决策容易成为利益集团之间争斗的一种妥协。或者政府在该使用经济手段的时候使用了行政手段，而该使用法律手段的时候使用了经济手段，等等。

另一方面，政府干预在范围、力度上的选择超过了弥

---

① 李云燕：《循环经济运行机制——市场机制与政府行为》，科学出版社，2008，第202页。

② 黄文平：《经济、法律与政府政策——中国改革进程中社会现象的考察》，中国经济出版社，2006，第169~170页。

补市场失灵和维持市场正常运转的合理需要，扰乱或抑制了市场机制的正常运行，扩大或强化了市场失灵的问题。例如，政府管制过多或者过于细致，就可能给微观经济主体造成过多的政府政策束缚，同时也会引起创租、抽租、避租、护租等广泛的寻租行为。

政府失灵主要的类型有公共政策失灵、内部效应和机构扩张的低效率、寻租腐败等。

公共政策是政府干预经济活动的基本手段，通过政策、法律法规和行政手段来弥补市场机制的不足，纠正市场失灵问题。但是由于公共政策的制定过程存在着种种困难、障碍和制约因素，公共政策制定周期太长，使得政府难以制定并实施合理的公共政策，导致公共政策失效。公共政策此时不但未起到弥补市场机制不足的作用，反而加剧了市场失灵，带来了更大的资源浪费，这是非市场缺陷即政府失灵的一个基本表现[1]。

政府干预有效率的前提之一就是政府干预在利益上的公正性和无偏性。但存在着的"内部效应"导致了政府干预的低效率。内部效应指的是政府部门及其部门成员追求自身利益而非公共利益或社会福利，导致了公共政策的非公正性。最典型的现象就是通过各种非货币工

---

[1] 李云燕：《循环经济运行机制——市场机制与政府行为》，科学出版社，2008，第203页。

资来扩大部门或个人利益，导致预算增加和政策目标被置换。如购买小轿车、豪华通信设备、公费旅游等。公共选择学派的代表人物戈登·图洛克（G. Tullock）曾指出，个人企业和行政部门的区别在于个人企业中个体行为的制度约束要比在政府部门严格得多。同时，内部效应也会导致政府部门扩张膨胀，而政府部门扩张将导致政府开支增长和社会资源浪费，同时诱致深层次的政府干预低效。

政府干预的副产品——寻租腐败也会对政府干预的作用造成影响。寻租理论认为，"政府拥有凌驾于民众之上的公权力，如果这种公权力没有受到有效的制约和监督，就容易为寻租行为甚至腐败行为提供便利。"[①] 寻租行为导致资源配置扭曲，是资源无效配置的一个根源。同时，寻租行为会导致政府部门官员的腐败，妨碍公共政策的制定与执行过程，降低行政运转的效率。

三 政府干预市场机制的行为模式

政府从不同的目的出发和采用不同的标准会对市场机制造成很大意义上的不同影响。一般而言，可以从以下几个角度来对政府干预市场机制的行为模式进行分类[②]。

---

① 方福前：《公共选择理论》，中国人民大学出版社，2000，第116~130页。
② 董正信：《西方国家政府调控比较研究》，河北大学出版社，1999，第38~39页。

第一，按照政府干预经济的程度不同，可以将其划分为协调性的政府行为模式和主导性的政府行为模式。现代市场经济并非是完全自由经济，而是有政府干预的市场运行机制。在市场经济运行过程中，各个国家的政府干预经济活动的程度是不同的。协调性的政府行为模式的特征是经济决策以服务经济活动为主，企业有着相当充分的自主性，政府干预主要通过运用政策工具对经济运行进行微调和间接调控，干预政策只是对微观经济个体的经济行为进行引导；主导性的政府行为模式的经济决策权限相对较高，政府通过计划和政策等各种手段来干涉企业的经济行为，对市场经济运行影响较大。

第二，按照政府干预市场机制的侧重点和范围不同，可以将政府干预的行为模式分为侧重市场竞争制度的政府干预、侧重市场运行过程的政府干预、侧重市场分配结果的政府干预。侧重市场竞争的政府干预强调政府干预的主要任务不是直接影响市场运行过程，而是对市场机制良好运行的制度、规则进行管理和完善。政府通过建立完善和有效的市场竞争机制来保护竞争、防止垄断，同时通过税收和社会保障制度改变市场分配的结果，为市场机制运行创造一个稳定的社会环境。"二战"后的联邦德国就属于这种政府行为模式。侧重市场运行过程的政府干预强调政府干预的任务就是影响市场机制的运行过程，通过影响市场经济运行中的宏观经济变量（如就业总水平、价格水平等）来实现经济均衡增长和充分就业、保证价格水平稳定以及国际收支平衡等宏观经济调控的目的。"二战"后的美国和英国就属于这种政府行为模式。侧重市场分配结果的政府干预强调市场机制的分配结果，通过建立社会福利制度来保证全社会成员的福利水平。属于这种政府行为模式的国家通常被称为"福利国家"，瑞典等国家就属于这种政府行为模式。

第二节　市场与政府的边界划分和有机结合

一　市场与政府的边界划分

市场机制和政府在节能管理工作中的失灵和自身的缺陷决定了两者在节能管理工作中的行为边界。市场机制在面临垄断、外部性、公共物品、信息不对称等问题时将不能使资源优化配置达到帕累托效率。此时市场失灵是政府干预的必要条件而非充分条件。同理，政府干预也会由于信息不完全、内部效应、寻租腐败等问题出现政府失灵。所以，政府干预应当充分发挥市场机制的作用，提供法律法规、维护市场机制的秩序和社会的稳定、产权保护等方面的支持。"市场交易成本的大小是政府行为的重要界限。当市场机制的交易费用成本低于政府行为成本时，就无须政府的干预；反之则需要政府的干预。"① 由此我们可以得出，市场机制与政府干预的行为边界是市场机制的交易费用等于政府干预行为的边际成本。

同时，我们也可以从政府干预市场机制的成本收益分析来界定两者的行为边界。如果政府行为在干预市场经济行为中所获得的收益大于实施政府干预行为所付出的行政成本，提高了社会资源的优化配置效率，这时就需要政府干预；反之则无须政府的干预。

二 政府在节能工作中的责任范围

要做好节能工作，需要形成一套良好的节能管理运行机制。我国节能管理机制的总方针应该坚持"发挥市场机制的基础作用，政府通过多种途径加以引导"的方针。从宏观上看，我国的节能应采取"政府+市场"的方式（国际社会的普遍做法），在运用经济手段的同时不放弃必要的行政手段。政府要加大执法力度，发布节能信息，进行节能宣传，引导企业的节能行为，为企业的节能改造服务。政府的主要作用是通过制定和执行规则来维护市场秩序。政府干预不能直接影响企业的生产和经营，只能间接通过经济刺激政策、财税、金融等手段来调控宏观趋

---

① 韦曙林：《政府经济规制与市场机制的耦合研究》，《江苏商论》2005 年第2 期。

势，通过营造稳定的市场机制环境来引导、管制企业的生产经营活动。

政府干预能够合理有效地促进市场机制发挥作用，应具备以下特点：①政府的干预权力通过法律和规章得到明确和恰当的界定，政府的干预权力还必须受到法律和规章的有效约束。法律应对政府干预经济的内容、形式、方法、权限等做出符合市场经济要求的尽可能细致与明确的规定，政府必须在法律规定的范围内干预市场经济。②政府应当在制定执行市场规则、宏观趋势调控、提供公共物品、基础物质设施建设等方面发挥有效的作用。

在市场机制运行中，由市场决定能源的价格、数量和技术选择，国家的作用是配合起基础作用的市场机制。政府需要在节能管理工作中清晰地定位角色和确定职能，有效发挥政府干预的作用，既不越位也不缺位。根据国际上的经验，政府在节能领域的职能一般需要体现在法规规划制定和监督执行、标准标识制度建设、宣传引导、节能技术促进四个方面①。

（1）制定并监督执行节能法规和规划。由于《节能法》是政府过去经验的总结和未来工作的依据，所以政府节能管理工作的重要组成部分就是不断完善《节能

---

① "市场经济体制条件下政府节能管理模式研究"课题组：《市场经济体制条件下政府节能管理模式研究》，《经济研究参考》2003 年第 59 期。

法》。地方政府部门也应该依据《节能法》的最新修改稿制定相应的具体实施条例和管理办法，如《节能监督条例》《高能耗设备（产品）的淘汰管理办法》等。相关的政府部门应当依据《节能法》来制定国家和地区的中长期节能规划，引导企业通过具体措施和项目的实施来实现提出的阶段性节能目标。同时，政府应当监督和落实节能法规和规划的各项规定，评估各项节能激励政策的有效性，不断提高政府的工作效率。

（2）制定、修订强制性的能效标准和标识制度。能效标准制度是实施终端能耗用品和能耗设备节能管理的基础。制定并实施能耗用品和能耗设备对应的能效标准和能效标识，是市场机制下推进节能的有效办法，也是提高国家整体能效水平的重要途径。随着节能技术的不断进步，政府还应不断更新修订相应的能效标准制度。政府在借鉴国际经验的同时，还应结合中国自身国情，不断完善我国强制性的终端能耗用品和能耗设备的能效标准和标识制度，逐步扩大节能产品的认证范围，探索并建立国际间的能效标志标识互认制度。

（3）加强节约能源宣传，引导企业和公众的节能行为。通过广播、电视、网站、杂志和科普读物等多种途径，宣传节约能源的重要性，提高全民的节能意识。在现有"全国节能周"活动的基础上，鼓励节能中介机构的发展，并鼓励它们开展多层次、多渠道的节能法规宣传和技术、管理方面的培训，以各种方式为企业和公众提供节能信息服务，使节能意识体现在每个公民的日常生活中，落实在各个企业的生产活动中。

（4）强化政策支持节能技术的进步。政府应着力强化对企业节能技术研发的政策支持，制定并实施包括税收减免、低息贴息贷款、担保投资等在内的经济政策激励措

施。扩大国家公共财政预算对节能的支持力度，财政资助带有公共性质的节能关键技术、共性技术的研发工作，资助节能新工艺和设备的推广应用。通过政府采购，培育节能新产品市场。

三 市场与政府的有机结合

市场机制和政府干预行为在经济运行和发展中均具有重要的功能和作用。无论是市场机制还是政府行为，都努力为节能管理领域创造和维护生产效率最高、资源配置最优、经济主体行为约束最好的管理秩序。但是这种秩序无法通过市场机制或政府行为的单独作用来实现。节能管理工作现实且理智的选择并不是单纯的市场机制或纯粹的政府干预，而是两者的有机结合。

依据现代经济学理论，市场机制和政府部门这两个最主要的资源配置主体，在资源的优化配置过程中，市场机制具有更高经济效率的优势。所以，在节能领域各种资源优化配置的过程中，应首先主要发挥市场机制的

作用。就节约能源方面来看，因为以石油、电力、天然气、煤炭、新能源等各种能源具有商品属性，进行以市场定价为目标的能源价格改革（如煤价放开、油价与国际接轨和新建电厂还本付息定价等），对促进市场竞争、改善企业经营和抑制能源需求增长产生了积极作用。市场竞争能够促使企业自觉节能，特别是那些能耗占成本比例较高的企业将会积极主动地采用节能的新技术，加强节能管理，以此来降低消耗，降低生产成本，提高资本和生产的效益和效率，从而达到增强竞争能力的目的。

但是现代经济学研究表明，市场经济的运行是有缺陷的。正因为市场机制存在着一定的失灵，在节能管理方面，政府除了注重市场机制的建设外，还需要重视政策体系的构建，以其克服市场的无效。节能管理市场机制会出现市场失灵的现象：能源市场价格不能反映能源战略的长远利益；生产企业的能源耗费成本、环境成本内部化缺失；节能技术研发、项目实施投资成本高，而与之相对的是违法的成本低、效益高；投资者价值偏向能源开发项目，相反，由于可预期收益不明显，投资者不太愿投资于节能技术和产品的开发利用与推广；消费者面临着缺乏能源节约信息和技巧的信息不对称现象；等等。从市场失灵的角度看，有必要大力加强政府在节能工作中的地位和作用。同时，"据世界银行研究，市场力量对实现能源节约潜力的贡献率只有 20%"[1]，市场经济国家的经济实践也表明，政府在节约能源领域中必须起主导作用。而能源在经济发展中的重要地位及其自身的特点也决定了政府在能源发展中将发挥应有的作用。发挥政府在实现能源发展战略中的地位和作用，一方面与政府在市场经济条件下的职能密切相关，另一方面也与能源的特殊性有联系。

（一）市场机制与政府在节能管理实施前提上的结合

市场机制发挥充分作用的重要前提是完全竞争市场机制，而政府干预的重要前提就是政府干预措施具有高度的科学性。在现实生活中，两者发挥充分作用的前提条件是很难予以满足的。一方面，完全竞争市场在现实生活中很少甚至从来没有发生，再加上微观个体的逐利性，市场机制不可能达到帕累托效率的机制建设，不能依靠市场机制自身的力量来调节，需要政府干预对市场机制予以调控；另一方面，由于政府制定政策的信息不完全、认识的有限性、内部效应的存在以及体制、法制完善程度的制约，政府干预政策的科学性也只是相对的，需要市场机制的完善。

（二）市场机制与政府在节能管理工作中的结合

市场机制的基本功能是实现资源的优化配置，而政府

---

[1]　苑新丽：《能源节约中的财税政策选择》，《财经问题研究》2007 年第 2 期。

干预的基本功能是解决资源的利用制度问题。在节能管理中，资源的配置是由市场机制主导和决定的，但需要政府部门给予市场机制在制度建设方面的配合。政府干预对市场机制进行纠偏，使市场机制更有效率地推进。政府干预的目标是：为维护市场机制的正常运转创造条件和完善市场机制；作为市场机制正常运转的补充；扩大市场机制作用的范畴；提高市场机制的效率。政府主要是对市场机制服务，例如：为市场机制运转提供必要的基础性服务（如技术研发、人才教育、建立物质基础设施、提供信息等）、制定市场机制活动的"准则"（如建立健全市场经济活动的法律法规、保护竞争、限制垄断等）、维持社会稳定（如防止收入分配的严重不均等）。

（三）市场机制与政府在节能管理目标实现上的结合

市场机制和政府干预在现实操作中划分合理的空间将有利于节能管理总体目标的实现。在节能管理目标实现上，首先是要求市场机制和政府干预行为自身功能的实现；其次是政府干预的实现要充分满足市场机制运作的客观要求，在宏观领域内采用间接干预而非直接野蛮干预的方式，以免对市场机制造成破坏；最后是政府干预应采取社会化的实现方式，保持与市场机制的高度契合，协调地作用于市场机制，使两者在节能管理工作的运行中相得益彰。

由于能源在国家经济社会生活中的战略地位和特殊

性，在能源发展战略的实现中，政府的作用主要与能源发展战略的特殊性相结合。在我国这样的发展中国家，市场发育的水平不同于发达国家，政府在能源发展中的作用应包括两个层次：一是打破政府长期以来对能源市场的垄断，让市场因素发挥作用；二是对市场调节难以发挥作用的领域，由政府进行适当且必要的干预。随着能源可持续发展压力的不断增强，能源节约、能源效率的提高、新能源和清洁能源的开发以及能源安全问题将变得越来越重要，而这些领域完全依靠市场调节，很难达到预期的目标，因此需要政府不同程度地予以干预①。让市场机制充分有效地发挥作用，政府通过制定和执行规则来维护市场秩序，从而使得市场机制和政府干预充分有效地结合。

市场机制和政府干预结合的前提条件就是让市场机制充分有效地发挥自身应有的作用。政府行为与市场机制结合的作用点，就是政府行为保证市场机制有效合理运行的作用点，主要集中在以下四个方面②。

第一，明确市场参与主体资格，设立市场经济的准入标准。现代市场经济中，由于经济关系的多元化和复杂化，同时从保护经济运行安全和社会公共利益的需要角度

---

① 邵忍丽：《对我国能源发展战略的思考及节能政策建议》，《中国高校科技与产业化》2009 年第 11 期。

② 王学杰：《论政府规制与市场机制相结合》，《四川行政学院学报》2005 年第 1 期。

出发，对参与市场运行中竞争主体的资格限制具有其必要性。政府部门有责任和义务设立市场经济的准入标准，建立市场参与主体资格认证审批制度。可以采取由参与市场竞争的微观经济主体向政府相关部门提出申请，依照制定的市场经济准入标准，政府部门对申请人的资质、生产装备、技术工艺、信用历史记录等进行审批。

第二，建立相关法律法规的制度体系。市场竞争机制源源不竭的动力来自微观经济主体对个体利益追逐的动机。那么政府部门应对市场主体的个体利益进行保护，界定个体在私人财产所有、使用、处理和收益方面的产权。按照科斯定理，当产权明晰时，市场机制可以自发地达到最优效率。

第三，制定和实施公平合理的市场竞争交易规制。在现代市场经济中，完全靠市场机制本身规范或者完全靠经济主体的自我约束是不可能有效地规范经济主体行为的，所以政府应当充当规制规范微观经济主体，诸如不正当竞争、限制企业的垄断等不当市场行为。

第四，维护市场机制和经济社会的稳定。现代高度发达的市场经济运行的高效率也面临着高风险。市场经济中的不确定性和风险性大大提高，政府应大力加强对高风险行业（如金融业等）的监管来保证市场机制的稳定运行。同时，由于市场机制天生的不足，市场机制不可能超出市场经济范围外发挥作用，所以政府还需要对诸如环境外部不经济、信息不对称等市场失灵现象进行协调融合，保护经济社会发展的稳定。

在资源利益分配中，市场机制主要是以价格、利润和需求等经济信息为主，决定资源在各领域、产业及部门间的分配。要充分发挥市场机制在资源利益分配方面的调节作用，彻底改变自愿、无偿、无限期的占有和使用，激活资源一级、二级市场，提高资源配置效率。如果运用单一的政府干预机制或市场机制来配置资源，不可避免地会出现一些极端情况，通过政府干预与市场机制相结合的方式，既可以弥补政府干预的信息不灵、市场不活等缺点，又可以防止市场机制配置资源失灵的各种现象出现，使资源的优化配置在完备的配置机制下运行。

第三节　节能管理体系构建的总体思路与对策建议

一　推进我国节能工作的总体思路

三次石油危机以后，美国、日本及欧盟国家都实施了能源资源节约战略。美国：2005 年提出，到 2015 年能耗下降 20%；日本：2006 年提出，到 2030 年能耗下降 30%；欧盟国家：2006 年提出，到 2020 年能耗下降 20%。从世界主要发达国家的节能战略选择看，所要回答的问题已经不是要不要节能的问题，而是如何高效率节能的问题。中国是世界上最大的发展中国家之一，能源资源对中国经济社会发展的约束十分严峻，因此节约能源成为中国的"三个基本国策"之一。我们要以科学发展观为指导，理清思路，建立和完善具有中国特色的体现节能发展规律的长期稳定而又高效率的节能推进长效体制机制。

我国正处在工业化的快速发展阶段，面临着能源安全战略和资源环境保护的双重压力。广义上的节能，即提高能源利用效率，是减少资源消耗、保护环境的最有效的途径之一，也是走新型工业化道路的重要内容。因此，必须把节能提高到保障全面建设小康社会的战略高度来认识，与控制人口、保护环境放在同等重要的位置，纳入国民经济和社会发展计划，统筹安排，大力推进。将节约能源作为我国全面建成小康社会的重要内容，以建设节能型经济和节能型社会作为深入开展全民节能活动的奋斗目标。坚持科学发展观，认真贯彻可持续发展战略，坚持"能源开发与节约并举，把节约放在首位"的方针。

以市场为导向，以企业为主体，以提高能源效率和资源综合利用率为核心，将节能与资源综合利用、环境保护、提高效益和竞争力结合起来，树立广义节能观（结构节能、布局节能、技术节能、管理节能），全面推进节能工作。以工业节能为中心推动和协调农业、建筑业、交通运输业等各产业节能和全社会节能，以节能促进循环经济发展。综合运用经济、法律、技术和必要的行政手段，切实加强高耗能行业和企业的节能工作，加快高耗能设备技术改造，特别抓好重点企业、重点节能工程。依靠技术进步，加强科学管理，建立和完善与社会主义市场经济体制相适应的能源节约与资源综合利用宏观管理体系和运行机制，促进经济与资源、环境的协调发展。

我国产业和产品的能耗水平与国际先进水平相比差距较大，这与我国的产业结构、设备和技术水平、人员素质、发展阶段等因素密切相关，不要指望在一两个五年计划内就能赶上国际先进水平，而要经过长期的努力，循序渐进地加以推进。根据基本国情，借鉴国际经验，提出我国节能工作管理的总体思路。

一是依靠科技进步促节能。我国单位产品的能耗指标与国际先进水平存在较大差距。要缩小这一差距将主要依靠科技进步，这就需要资金、人力资源、时间等多方面资源的大量投入。政府有责任资助支持带有公共性质的提高能效的共性技术和新能源的科研开发和技术推广。只有通过这样的政府支持，才能尽快缩小我国与国外节能先进技术之间的差距，提高我国节能产品的国际竞争力。

二是发挥市场机制的作用。随着我国经济体制改革的进一步深化，市场机制在资源优化配置中的基础作用日益凸显。能源已经逐步成为企业（特别是高耗能企业）生产成本的重要组成部分。在激烈的市场竞争中，企业将不得不考虑价格、成本等方面的因素，通过节能来增强竞争力。因此，充分发挥市场机制的作用效应，调动企业和社会的节能积极性，是新时期节能工作的基础。要学习和推广欧美发达国家采用的"能源合同管理"模式，充分发挥企业和节能中介组织在开展节能技术服务方面的作用，迅速提高我国的整体能源使用效率。

三是发挥政府干预的作用，强化政策导向。从国家的整体利益和长远利益出发，引导和规范节能市场。政府在制定节能法规和政策的基础上，工作的着力点应从能效标准标识和设计规范两个"源头"抓起，加大执法力度，制定必要的产业政策，及时淘汰过时的技术、工艺和产品，引导企业和全社会节能。发挥中介组织的作用，提供信息咨询和服务，协助企业解决技术难题。

二 构建我国节能管理体系的总对策

（一）设置管理、监督机构

我国应设立一个专门的节能管理部门，负责国家节能政策的制定、执行和监督，做好法规规划、标准标识、宣传引导、技术促进、监督执行等工作，在省级和市级设立相应的节能管理部门，负责地方的节能事务。

建立独立调控节能事务的管理机构。按照"政监分离"的原则建立一个从中央到地方统一的以节能为核心的能源监管体系，分别负责节能规划的制定和能源审计、节能诊断、节能项目经济评估等工作的执行，而且赋予监管机构实质性的监管内容和权力。同时，在省、市、县三级政府也要相应设立独立的节能管理和监督机构，负责全国性节能政策在地方的传达与实施以及管理监督各地方政府的节能工作，从而有一个独立于其他部门并且强有力的机构来确保将节能提高到与生产同等重要的地位上来。

（二）建立健全能源节约的法律法规和政策体系

认真贯彻落实《节能法》，加快制定与《节能法》配套的法规，引导和规范用能行为。制定、修订和完善节能、节材、资源综合利用标准和设计规范；研究提出包括国家法律、地方法规及部门规章的资源节约综合利用法律法规体系，有计划地开展有关法规的制定和修订工作；重点修订和完善煤、油、气、电资源节约管理的具体办法，能效标识及节能产品认证管理的条例等。做好《节能法》的宣传和普及工作。在完善法规的基础上，健全执法体系，加强监督检查，依法实施管理。

继续加大强制性节能规定和标准的制定与实施，并在此基础上进一步完善相应的配套法规和实施细则，形成集基本法、专项法和执行法为一体的节能法律体系，从而通过将节能监管、能源监测与审查、提供能源咨询和节能指导以及处罚措施等条文化和法律化，保证法律法规的贯彻和落实。此外，还应把经济激励措施促进节能的相关内容和具体规定写入法律，作为一种强制性的严格标准来激励或约束能源消费行为，通过奖惩分明促进行为主体自觉节能的积极主动性。

（三）构建有效多样的节能经济政策体系

在市场经济体制下，政府制定节能规划的目的是通过市场实现推动节能的宏观调控目标；手段是确定节能目标，通过制定法规、政策、措施，引导全社会开展有利于节能和提高能源效率的行动。那么，哪些政策、措施是符合市场经济规律的呢？通过以上分析我们看到，我国节能政策的内容已相当丰富，但经济激励政策相对弱化，特别是 1994 年以后，一些涉及节能方面的财政、税收、金融等优惠政策基本失效。因此，要想强化节能政策，亟须制定新的、适应市场需要的节能市场经济政策。

良好的经济激励必须基于性能（目标），项目成本的降低必须在提高能源节约目标的基础上，通过适当的激励来实现，并且要保持竞争性和可持续性。包括建立基于综合、差别和中性三原则的兼顾激励与约束的能源税收体系，实施基于性能的动态补贴政策，拓展政府政策性金融机构与私人渠道的融资政策，强化政府采购执行、监管的高度集中化和信息化，构建体现能源比价关系的超额累进定价机制，实行带有严格约束指标和市场准入标准的产业结构政策，等等。

研究制定适应市场经济要求、促进能源节约与资源综合利用的激励政策，如抑制资源过度消费、有利于企业开展能源节约与资源综合利用的税收及税负转移政策，能源节约与资源综合利用公共财政支持政策，等等。进一步深化能源价格改革和能源价格形成机制，建立能源价格预报制度；研究制定将能源节约与资源综合利用技术改造项目纳入政策性银行支持范围，并在贷款方面给予优惠的政策；对能耗高、污染重的产品和设备课以重税，强制实施高耗能产品予以淘汰的政策。落实好国家对能源节约的减免税等优惠政策，充分发挥政策的导向作用，引导和促进企业积极开展直接节能和间接节能。

（四）完善节能和资源综合利用管理体系和运行机制

要把节能标准（指标）体系建设作为节能管理的基础工作抓好、抓实。日本的节能管理之所以很有成效，很重要的一点就是其非常重视节能管理基础工作。因此，建立和完善节能标准（指标）体系，夯实节能管理工作的基础，促进节能工作的规范化和效率化，对推进我国的节能减排工作不仅十分必要，而且十分迫切。

继续建立和完善适应市场经济要求的推动能源节约与资源综合利用的新机制，如：基于完善市场机制的节能信息传播机制，基于公开、透明的节能产品政府采购机制，基于科学认识、科学管理的综合能源规划和需求管理方法，基于合同能源管理的技术服务机制，等等。强化能源利用和节能的基础管理工作，如：建立严格的规章制度，能耗、物耗考核制度和监督管理制度；健全和完善资源节约综合利用统计指标体系，完善节能降耗统计，建立资源综合利用统计报表制度；加快信息网络建设，搞好信息服务。

加强企业节能典型示范工作。要建立以市场机制为基础的有效的激励机制和约束机制，把资源节约、综合利用管理与职工的经济利益挂钩，节奖超罚。要深入实际调查研究，发现和总结节能降耗综合利用的先进典型，及时组织交流和推广，发挥先进典型的示范和导向作用。通过机制建设和加强基础管理工作，促进节能新技术、新工艺、新设备的推广应用；引导企业进行节能技术改造；引导企业、政府或协会采取自愿方式实现节能目标。

（五）培育和发展节约能源与环境保护的产业和技术市场

我国能源利用效率低，不仅有经济体制机制和能源消费政策方面的原因，而且还有技术方面的原因。英国、法国、德国、美国和加拿大等欧美发达国家十分注重在家用电器、汽车、建筑等高耗能行业大力推动行业节能的技术进步和创新。我国应该在各种能源的生产、储运、使用和消费的全过程中不断提高能源的使用效率。只有在全国持续地促进节约能源的技术进步和创新，走科学技术节能的道路，才能促进科技节能，达到大幅度提高能源使用效率的目的。

节能降耗既是企业也是国家技术进步的重要内容之一。在对比和发现国内外能源效率差距的基础上，找出能源利用技术差距，加快建立以企业为主体的技术创新体系，组织重大技术开发，是推进技术进步、提高能源节约与资源综合利用整体技术水平的首要任务。要推动产学研联合，促进能源节约与资源综合利用科技成果的产业化；为促进能源节约与资源综合利用技术进步，要把能源节约技术开发、技术引进、技术改造、技术推广有机地结合起来，重点抓好技术改造示范项目，抓好能源节约与资源综合利用重大示范工程；要积极培育和发展技术市场，运用市场机制促进新技术、新工艺、新产品、新设备的推广应用。继续定期或不定期地发布国家鼓励发展的能源节约与资源综合利用工艺、技术和设备目录及淘汰的落后工艺、技术和产品目录。我国需要加大政府对节约能源的高技术的引进与推广、节能技术进步与创新的投入力度，建立有助于社会积极参与并推动节约能源的高技术进步和创新的经济激励机制，使我国的节能尽快走上科学技术节能的道路[①]。

（六）扩大节约能源和环境保护的国际合作与交流

能源短缺是世界性的难题。欧美各国通过政府的各项节能政策、措施以及改变人们的生活方式等手段，形成了一种有效和积极的节能氛围。我国应该加强节约能源的国

---

① 郎一环、沈镭：《我国能源节约战略研究》，《中国人口·资源与环境》2006 年第 2 期。

际交流与合作，积极采用国外先进的节能技术、政策措施和经验，并根据我国的具体情况予以实施。如国外注重法制保障节能、技术促进节能、经济杠杆调节节能、政府主导节能，注重发挥民间组织在宣传和推广节能方面的积极作用，重视在日常生活的细节中节能，注意培养全民的节能意识，等等，这些都值得我国认真学习和借鉴。

在全球化的大形势下，节约能源、保护环境成为当今全球经济社会发展面临的共同问题。中国的发展离不开世界，世界的发展需要中国。因此，在节能和环保领域里，在各国政府首脑已达成共识并签署的《联合国气候变化框架公约》和《京都议定书》的架构内，中国需要进一步扩大双边和多边交流与合作，共同面对能源安全和全球气候变化的严峻挑战，学习借鉴发达国家在能源节约、资源综合利用和环境保护方面的先进管理经验，引进国外节约能源、减少 CO_2 等有害气体排放的先进技术，充分利用国际组织、金融机构及有关国家政府在节能、环保、新能源开发方面的优惠贷款和赠款，提高我国能源利用效率和能源节约的水平。

图书在版编目（CIP）数据

中国节能管理的市场机制与政策体系研究/黄晓勇著. —北京：
社会科学文献出版社，2013.12
ISBN 978 - 7 - 5097 - 5423 - 8

Ⅰ.①中…　Ⅱ.①黄…　Ⅲ.①节能 - 研究 - 中国　Ⅳ.①TK01

中国版本图书馆 CIP 数据核字（2013）第 293105 号

中国节能管理的市场机制与政策体系研究

著　　者／黄晓勇

出 版 人／谢寿光
出 版 者／社会科学文献出版社
地　　址／北京市西城区北三环中路甲 29 号院 3 号楼华龙大厦
邮政编码／100029

责任部门／经济与管理出版中心（010）59367226　　责任编辑／冯咏梅
电子信箱／caijingbu@ ssap. cn　　　　　　　　　　责任校对／李　惠
项目统筹／恽　薇　　　　　　　　　　　　　　　　责任印制／岳　阳
经　　销／社会科学文献出版社市场营销中心（010）59367081 59367089
读者服务／读者服务中心（010）59367028

印　　装／三河市尚艺印装有限公司
开　　本／787mm×1092mm　1/20　　　　　　印　　张／10.4
版　　次／2013 年 12 月第 1 版　　　　　　　字　　数／125 千字
印　　次／2013 年 12 月第 1 次印刷
书　　号／ISBN 978 - 7 - 5097 - 5423 - 8
定　　价／45.00 元